水利水电工程与能源利用

宋阳　胡德芳　王超　主编

延吉·延边大学出版社

图书在版编目（CIP）数据

水利水电工程与能源利用 / 宋阳，胡德芳，王超主编. -- 延吉：延边大学出版社，2024. 6. -- ISBN 978-7-230-06733-1

Ⅰ. TV；TK019

中国国家版本馆CIP数据核字第2024ZE1212号

水利水电工程与能源利用

SHUILI SHUIDIAN GONGCHENG YU NENGYUAN LIYONG

_____

主　　编：宋阳　胡德芳　王超
责任编辑：耿亚龙
封面设计：文合文化
出版发行：延边大学出版社
社　　址：吉林省延吉市公园路977号　　　　邮　　编：133002
网　　址：http://www.ydcbs.com　　　　　E-mail：ydcbs@ydcbs.com
电　　话：0433-2732435　　　　　　　　传　　真：0433-2732434
印　　刷：三河市嵩川印刷有限公司
开　　本：710mm×1000mm　1/16
印　　张：11.75
字　　数：200 千字
版　　次：2024 年 6 月 第 1 版
印　　次：2024 年 6 月 第 1 次印刷
书　　号：ISBN 978-7-230-06733-1

_____

定价：65.00元

编 写 成 员

主　　编：宋　阳　胡德芳　王　超

副 主 编：范　娟　陈秋红　徐明明　彭金明

　　　　　满文玥　杨建民

编写单位：枣庄市水文中心

　　　　　中国三峡新能源(集团)股份有限公司

　　　　　中信国安建工集团有限公司

　　　　　济宁市任城区水务局

　　　　　河南省水利勘测设计研究有限公司

　　　　　国家电投集团综合智慧能源科技有限公司

　　　　　云南省滇中引水工程有限公司

　　　　　北京昌水建筑有限公司

　　　　　济南市济阳区城乡水务局

前　言

在人类社会发展的历史长河中，能源一直是推动文明进步的重要动力。然而，随着工业化的加速和人口的增长，传统能源的消耗不断攀升，环境污染和资源枯竭的问题日益突出。因此，寻找和开发清洁、高效、可持续的能源成为当今社会的迫切需求。

水利水电工程是为了合理利用水资源，以满足人类生活、工农业生产、交通运输、能源供应、环境保护和生态建设等方面的需要而修建的一系列工程项目。水利水电工程作为现代社会基础设施的重要组成部分，对国民经济的发展和社会的进步起着至关重要的作用。基于此，本书围绕水利水电工程与能源利用展开深入研究。

本书共七章：第一章主要阐述水利水电工程勘测与设计；第二章主要探讨水利水电工程施工技术；第三章主要介绍水利水电工程施工管理；第四章对水储能技术的相关内容进行论述；第五章主要介绍水储能设备与系统；第六章主要探讨水储能项目建设与管理；第七章以抽水蓄能为例对水储能的应用进行了阐述。

《水利水电工程与能源利用》一书共 20 万余字。该书由枣庄市水文中心宋阳、中国三峡新能源（集团）股份有限公司胡德芳、中信国安建工集团有限公司王超担任主编，其中第一章、第三章、第四章及第七章由主编宋阳负责撰写，字数 8 万余字；第二章由主编胡德芳负责撰写，字数 6 万余字；第五章及第六章由主编王超负责撰写，字数 5 万余字；由范娟、陈秋红、徐明明、彭金明、满文玥、杨建民担任副主编并负责全书统筹。

笔者在撰写本书的过程中，参考了大量的文献资料，在此对相关文献资料的作者表示由衷的感谢。此外，由于笔者时间和精力有限，书中难免会存在不足之处，敬请广大读者和各位同行批评、指正。

笔者

2024 年 6 月

目　　录

第一章　水利水电工程勘测与设计

第一节　水利水电工程勘测概述

一、水利水电工程勘测的目的、重要性与主要内容

（一）水利水电工程勘测的目的

水利水电工程勘测的目的，首先在于对地质条件的深入探究。地质条件是影响水利水电工程稳定性和安全性的关键因素，通过勘测，施工单位可以获取地层结构、岩石性质、断层分布等地质信息。这些信息对评估地基的承载能力至关重要，为制定合适的施工方案提供了科学依据。

此外，水文条件的研究分析也是勘测的重要目的之一。水利水电工程的建设与河流、湖泊等水体的水文特性密切相关，通过勘测，施工单位可以掌握流域内的降雨、径流、洪水等水文数据，进而深入分析水体的时空分布规律。这些分析结果对工程的水量调度、防洪排涝等设计具有重要的指导意义，为水利水电工程的建设提供了可靠的依据。

（二）水利水电工程勘测的重要性

第一，勘测结果是工程设计的基础。深入研究和分析地质、水文条件，能够为水利水电工程的结构设计、水力计算提供数据支持，确保工程设计的科学性和合理性。

第二，勘测有助于保护环境。水利水电工程对生态环境具有一定的影响。通过勘测，施工单位可以了解工程所在区域的环境状况，从而有效制定环境保护措施，确保工程建设与生态环境保护相协调。

第三，勘测有助于降低工程风险。通过对潜在地质灾害隐患的评估，施工单位可以采取防范措施，从而减少灾害的发生。

（三）水利水电工程勘测的主要内容

1. 地形地貌勘测

地形地貌勘测是水利水电工程勘测的重要组成部分，它主要包括对工程区域的地貌形态、高程、坡度、水系等特征进行详细调查。通过对地形地貌进行勘测，施工单位可以了解工程区域的地形起伏、沟谷分布、河流流向等基本情况。在地形地貌勘测中，通常会运用现代测绘手段，以获取高精度的地形数据。这些数据不仅有助于施工单位了解工程区域的整体地形特征，还能为土方计算、道路选线等提供重要参考。

2. 地层结构勘测

地层结构勘测是水利水电工程勘测的核心内容之一，它旨在揭示工程区域的地层分布、岩性、厚度等地质特征。施工单位对地层结构进行勘测，可以评估工程地基的稳定性、承载力，以确定工程建筑物的基础形式、埋深和尺寸。在地层结构勘测中，常用的技术手段包括钻探、坑探等。钻探是获取地层岩性、厚度等信息的重要手段，通过钻探取样和原位测试，可以了解地层的物理力学性质。坑探则适用于揭露较大范围的地层结构，特别是在复杂地质条件下，坑探能够提供更为直观和详细的地质资料。

3. 水文地质条件勘测

水文地质条件勘测主要关注工程区域地下水的赋存条件、运动规律及其对工程的影响。通过水文地质条件勘测，施工单位可以了解地下水的分布范围、补给、排泄条件、化学成分等。在水文地质条件勘测中，通常会采用抽水试验、水质分析等方法获取相关数据。抽水试验是评估地下水涌水量的有效手段，通过不同抽水量的试验，可以了解地下水的补给能力和涌水量变化规律。水质分析则是对地下水化学成分进行分析，以评估其对混凝土结构的腐蚀性。

二、水利水电工程勘测的要求与难点

（一）水利水电工程勘测的要求

水利水电工程勘测的要求主要包括以下几个方面：

1.精度要求

精确的勘测数据是工程设计和施工的基础。因此，勘测工作必须严格按照相关技术规范进行操作，确保数据的精度。相关人员应采用高精度测绘和勘探手段获取地形地貌、地层结构、水文地质条件等重要信息，以满足工程设计和施工的需要。

2.全面性要求

勘测工作应全面覆盖工程建设的各个方面，包括地形地貌、地层结构、水文地质条件、气象条件等。同时，还应对工程建设的长期影响进行前瞻性考量，包括可能涉及的生态环境变化和社会影响等。

3.安全性要求

勘测工作应在确保安全的前提下进行。特别是在复杂地形、恶劣环境等条件下，应采取必要的安全措施，保障勘测人员的生命安全。此外，对于可能存在的地质灾害隐患，应进行详细调查并制定相应的防范措施。

4.标准化要求

勘测工作应遵循国家和行业的相关标准和规范，确保勘测数据的统一性和可比性。同时，还应建立健全勘测数据管理制度，确保数据的完整性和可追溯性。

（二）水利水电工程勘测的难点

水利水电工程勘测过程中可能会遇到多种多样的困难，主要包括以下几个方面：

1.复杂地形条件

在山区、丘陵等复杂地形条件下，勘测工作常常面临地形起伏大、交通不便等困难。这就要求勘测人员具备丰富的地形地貌知识和野外工作经验，能够灵活运用各种测绘和勘探手段，以获取准确的数据。

2.恶劣环境条件

高温、严寒、暴雨、大风等恶劣天气条件，以及岩溶、滑坡、泥石流等地质灾害隐患，都可能对勘测工作造成不利影响。在这些条件下，勘测人员需要采取相应的安全防范措施，确保勘测工作顺利进行。

3.地下水位变化

水利水电工程常常涉及对地下水的有效利用和合理排放，而地下水位的变化会对工程稳定性产生重要影响。因此，勘测人员在勘测过程中必须密切关注地下水位的变化。

4.数据处理与分析

随着勘测技术的不断发展，获取的数据越来越丰富和复杂。如何有效地处理和分析这些数据，提取有用的信息，是勘测人员面临的一个重要问题。为了解决这个问题，勘测人员必须具备较强的数据处理和分析能力，能够运用现代技术手段对数据进行处理和分析。

第二节　水文地质勘测
及其技术选择

一、水文地质勘测阶段分析

（一）水文地质勘测划分阶段的原因

水文地质勘测一般是分阶段进行的，其原因如下：

第一，水文地质勘测是为工程建设项目设计服务的，而项目的设计工作一般是分阶段进行的，不同设计阶段对所需水文地质资料的内容和精度有不同的要求。为满足设计的需要，水文地质勘测工作应划分相应的阶段进行，以防止所提供的水文地质资料出现不符合各设计阶段需要的情况。

第二，将水文地质勘测工作分为不同的阶段，既可以防止人们对勘测区水文地质条件存在认识上的片面性，又可以使整个勘测工作全面深入地进行，从而避免出现重大的、全局性的错误。

（二）水文地质勘测的各阶段分析

在进行水文地质勘测工作时，首先要明确的是水文地质勘测阶段的划分，即要搞清楚在从事哪一个阶段的水文地质勘测工作及该阶段的任务与要求。我国不同种类、不同行业的水文地质勘测工作，其阶段的划分及各阶段的任务与要求等一般是不同的，具体要根据各类水文地质勘测规范来确定。本书将水文地质勘测分为普查、详查、勘探和开采四个阶段。

1.普查阶段分析

水文地质普查是一项区域性的、小比例尺的水文地质勘测工作，是为经济建设规划提供水文地质资料而进行的区域性综合水文地质调查工作。在进行水文地质测绘工作时，其比例尺的选择应根据国民经济建设的要求和水文地质条件的复杂程度来确定，一般为 1：25 万～1：10 万，通常选用 1：20 万。水文地质普查阶段的主要任务是查明区域地下水形成的规律，提供区域水文地质资料，并概括地对区域地下水量和开发远景作出评价。具体要求是初步查明区域内各类含水层的形成和赋存条件、地下水的类型和分布规律、地下水的补给、径流和排泄、地下水的水质等，为国民经济远景规划和水文地质勘测设计提供依据。

2.详查阶段分析

水文地质详查是在水文地质普查的基础上，为国民经济建设部门提供所需的水文地质依据而进行的水文地质勘测工作或为某项生产任务而进行的专门性水文地质勘测工作。水文地质详查阶段多采用 1：10 万～1：5 万的大中比例尺。本阶段的任务是较确切地查明地质条件和地下水形成条件、赋存特征，初步评价地下水资源，初步圈定供水开采地段（或重点排水地段），预测水量、水质和水位变化，提出合理的开发措施，为供（排）水初步设计或布置勘探工作提供依据。

3.勘探阶段分析

水文地质勘探是在详查圈定的地段上，对水文地质条件进行进一步勘查和研究，为提出合理的开采方案和为施工设计提供依据而进行的水文地质勘测工作，采用的比例尺通常是 1：5 万～1：2.5 万。该阶段的任务是精确地查明勘测区的水文地质条件，对水质、水量作出全面评价，并预测将来开采后可能出现的水文地质问题（如海水入侵、水质恶化等）和工程地质问题（如地面沉降、岩溶地区地面塌陷等）。

4.开采阶段分析

开采阶段的主要任务是查明水源地扩大开采的可能性，或研究水量减少、水质恶化和不良工程地质现象等发生的原因，验证地下水允许开采量，为合理开采和保护地下水资源，为水源地的改建、扩建提供依据，在具备条件时，建立地下水资源管理模型及数据库。

在开采阶段出现的水文地质问题和工程地质问题，有的是因为在开采前从未进行过水文地质勘测工作而必然要出现的；有的则是因为以前的勘测工作精度不够高，数据不可靠，不能准确作出预测而产生的。比如，在详查阶段，由于比例尺太小，不能满足基坑排水设计的要求，就需要准确地了解勘测区的水文地质条件，进行补充勘测；又如，在供水水文地质工作中，由于井距不合理导致水井间严重干扰、地下水降落漏斗不断扩大及由此引发的地面沉降、水量枯竭、水质恶化等，都属于开采阶段应该解决的水文地质问题。

（三）水文地质勘测的适当简化

水文地质勘测一般分为上述四个阶段，但对某个具体的勘测项目应划分为几个勘测阶段，应根据当地水文地质条件的复杂程度、工程建设项目的规模和重要性及已有的水文地质研究程度等确定，适当条件下可以简化。

①在地下水资源勘查时，对于水文地质条件简单、已有资料较多或中小型地下水水源地，勘查阶段可适当合并，但合并后的勘查工作量、勘查方法和工作布置应满足高阶段的要求。

②在当已有1∶20万或1∶10万比例尺的区域水文地质调查成果或者供水工程项目规模较小时，可不进行普查阶段（或规划阶段、前期论证阶段）的工作或只进行补充性的勘查工作。

③如果供水工程项目无不同的水源地比较方案，则可将详查和勘探合并为一个勘查阶段。

④需水量较小的水利水电工程项目，当水文地质条件不是十分复杂，只需开凿两三个钻孔即可满足需水量时，可采用探采相结合的方式，直接进行开采阶段的调查。

二、水文地质勘测技术手段

(一) 水文地质测绘

水文地质测绘，也称水文地质填图，是以地面调查为主，对地下水和与其相关的各种现象进行现场观察、描述、测量、编录和制图的一项综合性水文地质工作。水文地质测绘是水文地质勘测工作的基础，是了解测区地层、地质构造、地貌等的重要调查研究方法。就水文地质勘测工作程序而言，一般应做到先测绘后钻探。在特殊情况下，测绘和钻探也可以同时进行，但测绘工作仍应尽量先行一步，以便为及时调整勘测设计提供依据。

水文地质测绘工作要求有相同比例尺的地质图作为底图。如无地质图或已有地质图的精度不符合要求时，则应在水文地质测绘中同时填出地质图，这种测绘又称为综合性地质—水文地质测绘。此种测绘所用的地形底图比例尺一般要比最终成果图的比例尺大一倍。

(二) 水文地质物探

物探既可以在地面以上的空间中进行，即地面物探，也可以在钻孔中进行，即地下物探（测井）。依据物质不同的物理属性，人们设计了不同的地球物理勘探方法以获取地下物质的物理参数。地面物探的方法主要有电法勘探、磁法勘探、重力勘探、地震勘探，每种方法又有许多不同的分支；测井方法主要有自然电位测井、电阻率测井、声波测井等。

水文地质物探是获取深部水文地质资料的一种辅助勘查技术手段。物探方法可用于探测地表松散介质的厚度、地下水位的埋深、断层的位置、基岩的深度等，此外，还可以估计沉积的砾石和黏土层的位置、厚度及在地下的分布情况。将它与水文地质测绘、钻探资料等一起进行综合解释，往往能得到较满意的效果。

（三）水文地质坑探

坑探工程是指当勘测区局部或全部被不厚的表土掩盖时，利用人工或机械掘进的方式探明地表浅部的地质条件的勘测技术手段。坑探工程的特点是使用工具简单、施工技术要求不高、揭露的面积较大、可直接观察地质现象，但其勘测深度受到一定的限制。

坑探工程分为轻型和重型两种。轻型坑探工程包括剥土、浅坑、探槽、探井，常用于配合水文地质测绘，揭露被不厚的浮土掩盖的地质现象；重型坑探工程包括竖井、平硐等，主要用于在地形条件复杂、钻探施工困难的山区或其他勘查手段效果不好的地区获得地质资料，但由于其成本较高、周期长，一般不采用。

（四）水文地质钻探

水文地质钻探是指利用机械回转或冲击钻进方式，向地下钻进钻孔以取得岩芯（粉）进行观测研究，从而得到水文地质资料的勘查技术手段。水文地质钻探是水文地质勘测工作中取得地下水文地质资料的主要技术方法，是直接探明地下水的一种可靠手段，也是开发利用深层地下水的唯一技术手段。由于钻探深度大、工作效率高，所以它既是获取深部水文地质资料和采取岩样以进一步查明水文地质条件的基本途径，也是一项投资大、技术复杂的工作。随着水文地质勘测工作的不断深入，水文地质钻探在整个勘测工作中占有越来越重要的地位。

（五）水文地质试验

水文地质试验是水文地质勘测中不可缺少的重要环节。水文地质试验分为野外水文地质试验和室内水文地质试验两种。其中，野外水文地质试验包括抽水试验、渗水试验、注水试验等。

（六）地下水动态监测

地下水动态监测，也是水文地质勘测必不可少的手段之一。它对了解地下水的形成和变化规律、获取水文地质参数、对地下水资源进行准确评价和预测，以及为地下水资源的合理开发利用和科学管理提供依据，均有十分重要的意义。地下水动态是指地下水的水位、水温、水量及水化学成分等要素随时间和空间有规律地变化。它是自然因素（如气候、水文、地质、土壤、生物等）和人为因素对地下水综合作用的过程。地下水动态监测是对一个地区或水源地的地下水动态要素（如水位、水量、水质和水温等）进行定时测量、记录和整理的过程。地下水资源较地表水资源复杂，因此，地下水本身质和量的变化以及引起地下水变化的环境条件和地下水的运移规律不能直接观察，同时，地下水的污染以及地下水超采引起的地面沉降是缓变型的，一旦积累到一定程度，就会带来不可逆的破坏。因此，保护地下水就必须依靠长期的地下水动态监测。

三、水文地质勘测技术的选择

在水文地质勘测中，如何选用勘测技术是编制水文地质勘测设计时要重点考虑的一个方面。选择合适的勘测技术，可降低成本、减少损失、提高效率。选择勘测技术的原则为先地面后地下、先物探后钻探，取长补短，综合运用。

水文地质勘测的阶段不同，采用的勘测技术也不同。在水文地质普查阶段，为地区总的经济建设规划提供水文地质资料而进行的区域水文地质调查，以水文地质测绘为主，配合少量的物探、坑探、钻探和试验工作；在水文地质详查阶段，以大中比例尺的水文地质测绘为主，配合少量的水文地质钻探；在水文地质勘探阶段，以钻探及试验为主，并要求进行一年以上的地下水动态监测；在开采阶段，主要进行水源地开采动态的研究，必要时辅以补充勘探、专门试验等工作。

勘测区的地质—水文地质条件决定勘测技术的种类和具体工程点的密度、间距。若地质—水文地质条件相对简单，则选择水文地质测绘、地面物探、轻型坑探、少量的钻探并辅以必要的水文地质试验和监测工作，且各勘查工程的线（网）距、点距可适当放稀，就可达到勘测工作的要求；反之，若地质—水文地质条件相对复杂，则选择在大中比例尺的水文地质测绘、地面物探的基础上，选择钻探并配合专门物探、井下物探和大量的水文地质试验、长期监测等工作，各勘查工程的线（网）距、点距应适当加密，才能达到勘测工作的要求。

自然地理条件一般包括工作区的地形地貌、气候、水系发育程度、基岩的出露情况、第四系覆盖层（表土）的厚度等。在实际工作中，对具有代表性的自然地理条件可进行分区，具体可划分为平原地区、丘陵地区、岩溶地区、黄土地区、滨海地区、冻土地区等，或根据工作区是否有表土覆盖，分为松散层区、基岩区等。不同的自然地理条件直接影响勘测技术的选择，例如，表土掩盖程度高不宜采用水文地质测绘，表土厚、多水则不宜坑探，等等。

施工条件主要是指勘测区的交通、水源、电力等条件。这些条件也会影响勘测技术的选择，如交通不便则不太适宜用钻探。另外，勘测单位技术水平、设备数量及先进性等，也在一定程度上影响勘测技术的选择。

第三节　水利水电工程设计概述

一、水利水电工程设计的特点与类型

（一）水利水电工程设计的特点

水利水电工程设计与机械工程设计、电气工程设计等相似，一般经历下述几个步骤：技术预测—信息分析—科学类比—系统决策—方案设计—功能分析—安全分析—施工方案—经济分析—综合评价。在设计过程中，有的步骤会有重复、反馈、修改，但每一个层次的设计大都经历类似的过程。

近代科学技术分支，如系统论、信息论、控制论的形成，推进了对设计工作共性的研究，提炼出普遍适用的技术，发展成有关的新兴学科。这些新兴学科在革命性地改变着设计工作的面貌，从经验型定性判断走向智能型定量决策。工程师今后可以方便地运用各学科的知识进行工作，因为现代学科的各种基本方法可以形成知识性软件，工程师只要做到正确地提出问题、给出清楚的描述、严格地运行软件就能得到明确的答案。由此，工程师可以摆脱繁重的手工数字演算，能集中精力致力于方案比较和创新。

除上述的共同点外，水利水电工程设计也有其自身的特点，具体如下：

①个性突出。几乎每个工程都有其独特的水文、地形、地质等自然条件，设计的工程与已有的工程即使功能要求相同，也不可套用。

②工程规模一般较大，风险也大，不容许采用在原型上做试验的方法来选择理想的结构。模型试验、数学模型仿真分析都很必要，也能起到很好的参考作用，但还不能达到与实际工程的高度一致。因此，在水利水电工程设计中，经验类比是一种重要的手段。

③重视规程与规范的指导作用。由于设计还没有脱离经验模式，因此设计

工作很重视历史上国内外水利水电工程建设的成功经验和失败教训，用不同的形式总结为规范条文，以期能传播经验。

（二）水利水电工程设计的类型

按照设计工作中有无参考样本或已有工程经验的情况，水利水电工程设计可以分为以下几种类型：

1.开发型设计

设计时，根据对工程的功能要求，工程师在没有样板设计方案及设计原理的条件下，创造出在质和量两方面都能满足要求的新型方案。这种设计工作的风险最大、投入最多。

2.更新型设计

在工程总体上采用常规的形式和设计原理的同时，改进局部的工程设计原理，使其具有新的质和量的特征。例如，在我国推广的碾压混凝土坝、面板堆石坝等，都在局部范围内采用了新的设计原理。

3.适配型设计

适配型设计是指设计中的工程采用常规的设计原理和形式，研究和选定结构的布置、尺寸和材料，达到适合当地自然环境、地质、地形条件及施工条件、功能要求的常规设计。

根据创造性水平来评判，开发型设计最富创造性，但是，评价工程设计优劣的标准是它的适用性、安全性、经济合理性，而不是单纯地求新。面对工程存在的实际问题和难点，能够适应当时、当地的条件，且具有适用性、安全性、经济合理性的设计方案才是优秀的方案。

二、水利水电工程设计的基本要求

（一）考虑自然条件因素

水利水电工程的选址、施工等方面均会受到地质水文或地形气候等自然因素的影响。为了高质、高效地建成水利水电工程，在对工程进行设计的过程中，需要慎重考虑自然条件因素，以避免自然条件因素给水利水电工程建设带来不良影响。

（二）考虑施工作业的复杂性

水利水电工程会受到水压力的作用，同时还会受到渗透压力的作用，这会对水利水电工程的安全、强度、稳定性产生不良影响。所以，在水利水电工程设计中，需要重点考虑施工作业的复杂性，尽量优化施工方案，为科学、合理、有效地进行施工作业打好基础。

（三）考虑施工技术的适用性

水利水电工程施工难度较大，在具体施工中，容易受到多种因素的影响，致使施工质量较低。因此，水利水电工程施工中需要选用合适的施工技术，为有序地进行施工作业创造条件。

（四）考虑施工作业的季节性

水利水电工程施工季节性较强，不同季节的降水量和气候环境有所不同，会给水利水电工程施工带来不同程度的影响。因此，在水利水电工程设计中需要综合考虑季节要求，制定合理的施工方案，为提高施工效率创造条件。

三、水利水电工程设计的基本程序

在水利水电工程建设的过程中，设计是其中的一个重要环节。因此，设计时，要做到统筹安排，使工程建设达到全局最优。在设计阶段，设计单位应及时与相关部门沟通。

水利水电工程设计阶段的主要工作步骤如下：①收集资料，如地区经济资料、国家有关政策与法规等；②明确工程总体规划及其对枢纽和建筑物的要求；③提出方案，以初步选择的工程形式为基础；④筛选可行的比较方案；⑤对方案进行分析，选定设计方案；⑥对方案进行评价及验证。至此，设计任务完成，根据设计图纸即可组织施工。

第四节　水利水电工程建筑物设计

一、水利水电工程建筑物的类型、设计特点与要求

（一）水利水电工程建筑物的类型

水利水电工程中常见的建筑物类型主要包括水库大坝、水电站、水闸、堤防、渠道等。这些建筑物在水利水电工程中发挥着不同的作用，共同构成了一个完整的工程体系。

1.水库大坝

水库大坝是水利水电工程中重要的建筑物之一，主要用于拦蓄河水，调节水流，满足灌溉、发电、防洪等多种需求。水库大坝的类型多样，包括土石坝、

混凝土坝、拱坝等，其设计需充分考虑坝体的稳定性、抗渗性、抗震性等因素。

2.水电站

水电站是利用水能发电的建筑物，通常建在水库大坝下游或河流的适宜位置。水电站的主要组成部分包括水轮机、发电机等设备，其设计需注重水能的高效利用、设备的稳定运行。

3.水闸

水闸是用于控制水流、调节水位、分洪排沙的建筑物。根据功能不同，水闸可分为节制闸、分洪闸、冲沙闸等。设计水闸时，需考虑其过流能力、结构强度，确保其在各种水流条件下稳定运行。

4.堤防

堤防是沿河流、湖泊等水域修建的挡水建筑物，主要用于防止洪水泛滥。设计堤防时，需考虑其防洪能力，确保其在洪水来临时能够发挥防洪作用。

5.渠道

渠道是用于输送水流的建筑物。设计渠道时，需考虑其输水能力，确保水流在输送过程中的损失最小化，同时保证渠道结构的稳定性。

（二）不同类型水利水电工程建筑物的设计特点和要求

1.水库大坝的设计特点与要求

水库大坝的设计需充分考虑其安全性、稳定性和耐久性。在设计过程中，设计单位需对坝址的地质条件、水文条件等进行深入调查和分析，确定合理的坝型、坝高和坝体结构。同时，还需考虑坝体的抗渗性、抗震性，采取有效的防渗、抗震措施，确保大坝在各种极端条件下稳定运行。

2.水电站的设计特点与要求

水电站的设计需注重水能的高效利用和设备的稳定运行。在设计过程中，设计单位需根据水流条件、水头高度等因素选择合适的水轮机类型和发电机容量，确保水能的高效转换和电力的稳定输出。

3.水闸、堤防与渠道的设计特点与要求

水闸、堤防和渠道的设计需注重其过流能力、结构强度和稳定性。设计单位需根据水流条件、水位变化等因素确定合理的结构尺寸和过流断面，确保水流顺畅通过。同时，还需考虑结构的耐久性和抗冲刷性，采取有效的防护措施，延长建筑物的使用寿命。

二、水利水电工程建筑物功能设计

水利水电工程建筑物作为整个工程体系的重要组成部分，其设计不仅关乎结构的安全性和稳定性，更与工程的功能实现和效益发挥息息相关。功能设计作为建筑物设计的核心环节，旨在通过精准的功能定位，提升建筑物的使用效率和综合效益。

（一）水利水电工程建筑物的功能定位

水库大坝作为水利水电工程的核心，其主要功能是蓄水、调节水流，以满足灌溉、发电、防洪等多种需求。水电站则利用水能转化为电能，为社会提供清洁能源。水闸用于控制水流，调节水位，实现分洪、排沙等功能。堤防则是防洪的重要屏障，保护沿岸地区免受洪水侵袭。渠道则负责输送水流，满足灌溉、供水等需求。

（二）水利水电工程建筑物功能设计的优化措施

1.功能集成化设计

传统的建筑物设计往往注重单一功能的实现，而现代设计则更加注重功能的集成化。通过集多种功能于一个建筑物中，不仅可以减少工程占地面积，降低建设成本，还能提高工程运行管理的便捷性和效率。例如，在水电站设计中，

可以将发电、防洪、灌溉等多种功能进行集成，实现一站多用的目标。

2.智能化设计

随着科技的不断发展，智能化技术在水利水电工程中的应用越来越广泛。通过引入物联网、大数据、人工智能等先进技术，可以对建筑物进行智能监测、预警和控制，提高工程的安全性和运行效率。例如，在水库大坝设计中，可以利用智能监测系统对大坝的变形、渗流等关键指标进行实时监测和预警，及时发现和处理安全隐患。

3.生态友好型设计

水利水电工程的建设往往会对生态环境产生一定影响。因此，在建筑物功能设计中，应注重生态友好型设计理念的应用。通过采用生态环保材料、优化施工工艺等措施，减少工程对环境的影响。

4.模块化设计

模块化设计是一种将建筑物划分为多个独立模块的设计方法。在水利水电工程建筑物设计中，根据工程需求，建筑物可以划分为不同的功能模块，如蓄水模块、发电模块、控制模块等。每个模块都可以根据需要独立设计和施工，从而实现工程的快速建设和高效运行。

三、水利水电工程建筑物美学设计

水利水电工程建筑物美学设计旨在通过精心的规划，使建筑物与周围环境相协调，展现出独特的艺术魅力，从而提升水利水电工程的整体形象和价值。

（一）水利水电工程建筑物美学设计的基本理念和方法

建筑物美学设计的基本理念在于追求与周围环境的和谐统一，通过巧妙的布局，使建筑物融入自然，成为自然景观的一部分。这一理念强调在设计过程中要充分考虑地形地貌和气候条件，以及当地的文化传统和审美习惯，使建筑物既具有现代感，又充满地域特色。

建筑物美学设计的方法：首先，需要对工程所在地的自然环境和文化背景进行深入调研和分析，确定设计的主题和风格；其次，运用现代设计手法和先进技术手段，对建筑物的色彩、材质等进行精心设计，以创造出独特而和谐的视觉效果；最后，注重建筑物的空间布局和功能设计，使美学设计与实用性相结合。

（二）水利水电工程建筑物美学设计的作用

第一，借助美学设计，水利水电工程建筑物能够展现出独特的外观和深刻的内涵，从而吸引人们的关注。

第二，借助美学设计，水利水电工程建筑物能够与周围环境相协调。这种协调不仅有利于保护自然环境，还极大地提升了人们的生活质量。

第三，借助美学设计，能够显著提升水利水电工程建筑物的艺术价值。通过巧妙地融合当地的文化元素，水利水电工程建筑物能够展现出深厚的文化底蕴，成为当地文化的重要载体。

第二章　水利水电工程施工技术

第一节　水利水电工程地基处理

一、水利水电工程地基的分类与特征

（一）水利水电工程地基的分类

水利水电工程的地基分为两大类型，即岩基和软基。岩基是由岩石构成的地基，又称硬基。软基是由淤泥、壤土、砂砾石、砂卵石等构成的地基。软基又可细分为砂砾石地基、软土地基。砂砾石地基是由砂砾石、砂卵石等构成的地基，它的空隙大，因而渗透性强。软土地基是由淤泥、壤土、粉细砂等细微粒子的土质构成的地基。这种地基具有压缩性大、含水量大、渗透系数小、承载能力差、沉陷大、触变性强等特点，在外界的影响下容易变形。

（二）水利水电工程地基的特征

水利水电工程地基的特征：①具有足够的强度，能够承受上部结构传递的应力；②具有足够的整体性和均一性，能够防止基础的滑动和不均匀沉陷；③具有足够的抗渗性，能够避免发生严重的渗漏和渗透破坏；④具有足够的耐久性，能够防止在地下水的长期作用下发生侵蚀破坏。

二、水利水电工程地基开挖处理

（一）岩基开挖

对于岩基的一般地质缺陷，常采用开挖、灌浆等方法进行处理，但对于一些比较特殊的地质缺陷，如断层破碎带、缓倾角的软弱夹层、层理以及岩溶地区较大的空洞和漏水通道等，需要采用一些特殊的处理措施。

1.岩基的一般开挖处理

（1）选定合理的开挖范围和形态

基坑开挖范围主要取决于水利水电工程建筑物的平面轮廓，此外，还要满足机械的运行、道路的布置、施工排水、立模与支撑的要求。放宽的范围一般从几米到十几米不等，由实际情况而定。开挖以后的基岩面，要尽量平整，并尽可能略向上游倾斜，高差不宜太大，以利于水利水电工程建筑物的稳定。

（2）开挖与排水

①开挖应自上而下，分层开挖，逐步下降。某些部位如需上、下同时开挖，应采取有效的安全技术措施。

②基础岩石开挖应采用分层的梯段爆破方法。

③开挖紧邻水平建基面，应采用预留岩体保护层并对其进行分层爆破，若采用其他方法，应通过试验论证。

④基坑排水不得污染河流，如果基坑中来水量很大，则应采取有效措施以减少来水量。

⑤在坑、槽部位和有特殊要求的部位，以及在水下开挖时，应采取相应的开挖方法。

（3）钻孔爆破

①钻孔爆破施工应按爆破设计进行。

②钻孔施工不宜采用直径大于 150 mm 的钻头造孔。紧邻设计建基面、设

计边坡、建筑物或防护目标的，不应采用大孔径爆破方法。

③在有水的条件下进行爆破时，应采用抗水爆破材料。

④钻孔开孔位置与爆破设计孔位的偏差不宜大于钻头直径的尺寸；钻孔角度和孔深应符合爆破设计的规定；已造好的钻孔，孔口必须盖严。

⑤钻孔经检查合格才可装药。炮孔的装药和堵塞、爆破网络的连接以及起爆，必须由爆破负责人统一指挥，由爆破员按爆破设计的规定进行。

⑥爆破后，应及时调查爆破效果，并根据爆破效果和爆破监测结果，及时调整爆破参数。

（4）预裂爆破和光面爆破

①对主要建筑物的设计建基面进行预裂爆破时，预裂范围应超出梯段爆破区。

②预裂炮孔和梯段炮孔若在同一爆破网络中起爆，预裂炮孔先于相邻梯段炮孔起爆的时间不得少于 75～100 ms。

③预裂爆破和光面爆破的效果，在开挖轮廓面上，残留炮孔痕迹应均匀分布。

（5）梯段爆破

①爆破石渣的块度和爆堆，应适合挖掘机械作业。爆破石渣如需利用，其块度或级配应符合有关要求；爆破对紧邻爆区岩体的破坏范围小，爆区底部炮眼少；爆破地震效应和空气冲击波小，爆破飞石少。

②紧邻设计边坡的一排梯段炮孔，其孔距、排距和每孔装药量，应较其他梯段炮孔小。

③若采用预留岩体保护层开挖方法，其上部的梯段炮孔不得穿入保护层。

④梯段爆破的最大一段起爆药量，不得大于 500 kg；邻近设计建基面和设计边坡时，不得大于 300 kg。

（6）紧邻水平建基面爆破

①紧邻水平建基面的岩体保护层厚度应由爆破试验确定。

22

②不得使水平建基面岩体产生大量裂隙，也不得使节理裂隙面、层面明显弱化。

③应分层爆破岩体保护层，并且符合下列要求：

第一层：炮孔不得穿入距水平建基面 1.5 m 的范围，炮孔装药直径不应大于 40 mm，应采用梯段爆破方法。

第二层：对节理裂隙不发育、较发育、发育和坚硬的岩体，炮孔不得穿入距水平建基面 0.5 m 的范围；对节理裂隙极发育和软弱的岩体，炮孔不得穿入距水平建基面 0.7 m 的范围。

第三层：对节理裂隙不发育、较发育、发育和坚硬的岩体，炮孔不得穿过水平建基面；对节理裂隙极发育和软弱的岩体，炮孔不得穿入距水平建基面 0.2 m 的范围，剩余 0.2 m 厚的岩体应撬挖。

④有岩体保护层紧邻水平建基面应采用梯段爆破法一次爆破，炮孔不得穿过水平建基面，炮孔垫层应用柔性材料充填。

⑤无岩体保护层水平建基面开挖应采用预裂爆破，基础岩石开挖应采用梯段爆破，梯段炮孔底与水平预裂面应有一定距离。

（7）出渣

①出渣运输和堆（弃）渣应按设计要求进行，不得污染环境。

②堆渣或弃渣的场所应有足够大的容量，施工中不宜变动。除通过论证合理或对堆（弃）渣需要利用者外，应避免二次挖运。

③有条件时应结合堆（弃）渣造地；不得占用其他施工场地和妨碍其他工程施工；不得堵塞河流，不得污染环境。

2.岩基的特殊地质处理

（1）断层破碎带处理

断层是岩石或岩层受力发生断裂并向两侧产生显著位移而出现的破碎发育岩体，有断层破碎带和挤压破碎带两种。一般情况下，破碎带的长度和深度比较大，且风化强烈，岩块极易破碎，常夹有泥质充填物，强度、承载能力和抗渗性不能满足设计要求，必须予以处理。

对于较浅的断层破碎带，通常可采用开挖和回填混凝土的办法进行处理。处理时，将一定深度范围内的断层及其两侧的破碎风化岩石清理干净，然后，回填混凝土。

对于较深的断层破碎带，可开挖一层，回填一层。回填混凝土时，预留竖井或斜井，作为继续下挖的通道，直到预定深度为止。

对于贯通建筑物上下游的宽而深的断层破碎带或深厚覆盖层的河床深槽，处理时，既要考虑地基承载能力，又要截断渗透通道，为此，可采用支承拱和防渗墙法。

（2）软弱夹层处理

软弱夹层是指基岩出现层面之间强度较低，已泥化或遇水容易泥化的夹层，尤其是缓倾角软弱夹层，处理不当，会对坝体稳定带来严重影响。

对于陡倾角的夹层，如不与水库连通，可采用开挖和回填混凝土的方法处理。如夹层和水库相通，除对基础范围内的夹层进行开挖、回填外，还必须在夹层上游水库入口处进行封闭处理，切断通路。

对于缓倾角的夹层，如果埋藏不深，开挖量不是很大，最好是彻底挖除。如果夹层埋藏较深，当夹层上部有足够的支撑岩体能维持基岩稳定时，可只挖除上游夹层，回填混凝土，进行封闭处理。

（3）岩溶处理

岩溶是指可溶性岩层长期受地表水或地下水溶蚀作用产生的溶洞、溶槽、暗沟、暗河等现象。对岩溶的处理可采取堵、铺、截、围、导、灌等措施。堵就是堵塞漏水的洞眼；铺就是在漏水地段做铺盖；截就是在漏水处修筑截水墙；围就是将间歇泉、落水洞围住；导就是将下游的泉水导出建筑物；灌就是进行固结灌浆和帷幕灌浆。

（二）软基开挖

1.软基的一般开挖处理

软土地基是由淤泥、壤土、细流砂等细微料子构成的地基。它的承载力小、沉陷量大、触变性强，同时还具有压缩性大、渗透系数小、含水量大、水分不易排出等特点，在外力的作用下，很容易发生变形。

①建基面和岸坡处理时，应将草皮、腐殖土、淤泥软土全部清除，对洞穴、有害裂缝等进行处理。

②地基和岸坡清理后，如不能立即回填，应预留保护层，其厚度可根据土质及施工条件确定。

③土坝坝体与岸坡必须采取斜面边接，严禁将岸坡清理成台阶式，更不允许有反坡。

④清基完成后，必须按规范要求全面取样检验。确认符合设计要求并经检查验收后，方可进行土石填筑或混凝土浇筑。

2.软基的特殊处理

（1）挖除置换法

挖除置换法是指将建筑物基础底面以下一定范围内的软土层挖除，换填无侵蚀性及低压缩性的散粒材料，这些材料可以是灰土、石屑、煤渣等。通过置换，减少沉降，改善排水条件，加速固结。

当地基软土层厚度不大时，可全部挖除，并换以黏土、壤土等回填夯实，回填时，应分层夯实，严格控制压实质量。

（2）重锤夯实法

重锤夯实法是用带有自动脱钩装置的履带式起重机，将重锤吊起到一定高度脱钩让其自由下落，利用下落的冲击力把土夯实。

当地基软土层厚度不大时，可以不开挖，利用重锤夯实法进行处理。当夯锤重为5～7 t、落距为5～9 m时，夯实深度为2～3.5 m；当夯锤重为8～40 t、落距为14～40 m时，夯实深度为20～30 m。此法能耗少，机具简单，但是机械磨损大，施工不易控制。

（3）排水法

排水法是指采取相应措施，使软基表层或内部形成水平或垂直排水通道，然后在土壤自重或外荷的作用下，加速土壤中水分的排除，使土壤固结，从而提高强度的一种方法。排水法可分为水平排水法和垂直排水法。

①水平排水法

在软基的表面铺一层粗砂或级配好的砂砾石做排水通道，在垫层上堆土或其他荷载，使孔隙水压力增大，形成水压差，孔隙水通过砂垫层排出，孔隙减小，土被压缩，密度增加，强度提高。

②垂直排水法

垂直排水法，是指在软土层中建若干排水井，灌入沙子，形成竖向排水通道，在堆土或外荷载的作用下排水固结、提高强度的地基处理方法。

三、水利水电工程施工过程中常用的地基处理技术

（一）灌浆法地基加固技术

所谓的灌浆法主要是通过液压、气压或者是电化学原理对水泥砂浆或者是黏土泥浆进行处理，使其向着液化的性质转变，促使浆液能够顺利地灌注到软体地基以及地基的缝隙中，促使工程施工过程中软土地基的稳定性得以提升。例如，在实际应用劈裂灌浆法进行软土地基施工的过程中，通常情况下会采用单排孔的形式进行布置，并将空位布置于轴线上方 1.5 m 的位置，这些空洞能够深入地基的透水层中，最深可以达到 40 m。因此，大多数施工单位在进行灌注工作时，会采用三个孔序进行施工，对第一个孔序三次灌浆灌注之后，再对第二个孔序进行灌注，此时，两个孔序的灌注工作轮流开展。随着施工的进行，地基的灌浆以及裂缝不断增加，直至灌浆上升到坝顶周围的时候，施工单位才

会进行第三个孔序的施工。灌注工作会一直持续到满足相关的施工要求时才会停止，但是在施工的过程中应当严格控制各个孔洞之间的距离，以确保灌浆作业整体施工质量。

（二）振冲地基加固处理技术

使用这种技术时，往往需要用到一种叫振冲器的设备，其功能与混凝土振捣器相近。通常使用的振冲器包含两个喷水口，分上下两个部分，受振冲器荷载力的影响，在软土地基中形成一定数量的小型孔洞，将一定数量的碎石或者是水泥浆添加到这些小孔中，就能够将目标振捣粉碎，进而大幅度提升软土地基的稳固性。

（三）加筋地基加固处理技术

为了能够有效地规避整体变形问题，使用加筋法对地基强度进行加固，进而大幅度提升水利水电工程建筑的稳定性。在土层中应用土木合成材料会大大提升拉筋与土体颗粒之间的摩擦力，大幅度提升地基的强度。在特殊情况下，也会在砂垫层中铺设一层土工织物，以提升地基的稳定性。因此，在出现可塑性剪切破坏问题之前，应用土木合成材料加筋法对地基进行一定的加固处理，能够起到良好的组织作用。

第二节　水利水电工程
施工导流与截流

一、水利水电工程施工导流

（一）施工导流的概念

水利水电工程施工均是在大小江河或滨湖、滨海地区进行，相当一部分建筑物位于河床中，而修建这些建筑物又必须创造干地施工的条件。为了解决这一问题，就需要在河床中修筑围堰，围护基坑，并将河道中各时期的上游来水按预定的方式导向下游，这就是施工导流。

（二）施工导流的作用

施工导流首先要修建导流泄水建筑物，然后修筑围堰，进行河道截流，迫使河道水流通过导流泄水建筑物下泄；此后，还要进行基坑排水，并保证汛期在建的建筑物和基坑安全度汛；当主体建筑物修建到一定高程后，再对导流泄水建筑物进行封堵。因此，施工导流虽属临时工程，但在整个水利水电工程建设中是一个至关重要的单位工程，它不仅关系到整个工程施工进度及工程完成时间，还对施工方法的选择、施工场地的布置以及工程的造价有很大影响。

例如，当某项水利水电工程在施工时采用的施工导流标准过低，而上游实际来水量大于设计所采用的施工导流流量时，这将导致围堰工程失事，基坑被淹，尤其是在工程度汛时，将直接影响工程施工质量，威胁下游人民群众生命财产安全；反之，施工导流标准选择过高，将会增加导流泄水建筑物及围堰工程的修筑工程量，使工程的造价增加，从而造成浪费。

为了解决好施工导流问题，在工程的施工组织设计中必须做好施工导流设计工作。其设计任务如下：分析研究当地的自然条件、工程特性和其他行业对水资源的需求来选择导流方案，划分导流时段；选定导流标准和导流设计流量，确定导流建筑物的规格、构造和尺寸；拟定导流建筑物的修建、拆除、封堵的施工方法，拟定河道截流、拦洪度汛和基坑排水的技术措施；通过技术经济比较，选择一个经济合理的导流方案。

（三）施工导流的方法

施工导流的方法可分为全段围堰法导流和分段围堰法导流两类。

1.全段围堰法导流

全段围堰法导流是指在河床外距主体工程轴线（如大坝、水闸等）上下游一定的距离处修筑一道拦河堰体，使河道中的水流经河床外修建的临时泄水道或永久泄水建筑物下泄，待主体工程建成或接近建成时，再将临时泄水道封堵或将永久泄水建筑物的闸门关闭。

全段围堰法导流一般适用于枯水期流量不大、河道狭窄的中小河流。根据导流泄水建筑物的类型可分为隧洞导流、明渠导流、涵管导流。

（1）隧洞导流

隧洞导流是在河岸边开挖隧洞，在基坑的上下游修筑围堰，施工期间河道的水流通过隧洞下泄。这种导流方法适用于河谷狭窄、两岸地形陡峻、地质条件良好、分期导流和明渠导流均难以采用的山区河流，特别是在深山峡谷修建各类挡水建筑物时，隧洞导流更是常用的导流方式。但是，由于隧洞的泄水能力有限，汛期往往不能满足泄洪的要求，因而在汛期施工度汛时需要另外采取其他泄洪度汛措施，如采用过水围堰允许淹没基坑，或采用隧洞与其他导流泄水建筑物联合泄洪度汛。

隧洞是一种工程造价较高、工期长且施工过程又较为复杂的建筑物，往往会影响施工总进度，应提前完工，以保证导流时投入使用。在施工设计时，应尽可能将施工导流洞与永久性水工隧洞结合，如将施工导流洞与灌溉、发电相结合。在结合确有困难时，才考虑设置专用的导流隧洞，在导流任务完成后，便进行封堵。

应根据地形、地质、枢纽布置、水流条件等选择导流隧洞的洞线，既要减少工程量、节省工程费用，又要方便施工、便于管理。地质条件是选择洞线时首先要考虑的因素，一般隧洞应布置在岩石坚固、没有断层或断层较少，且裂隙不发育，以及地下水不多的山体内。为使隧洞围岩的结构稳定，隧洞的埋置深度通常不小于洞宽或洞径的 3 倍。为提高隧洞的泄水能力，应注意改善洞内的水流条件；隧洞的进出口用引渠与上下游河床水流衔接，引渠轴线与河道主流的交角宜小于 30°；隧洞宜直线布置，必须设置弯道时，其转弯半径应大于洞径或洞宽的 5 倍，弯道前后设置的直线段的长度应大于 10 倍的洞径或洞宽。隧洞引渠的进出口距上下游围堰坡脚应有足够的距离，一般在 50 m 以上，以防止水流冲刷围堰的坡脚。

隧洞断面形状主要取决于地质条件及洞内水流流态。常用的断面形状为方圆形，有时也采用圆形或马蹄形的断面。方圆形断面施工方便，且底部矩形部分过水面积大，和圆形断面相比，可在同一高程、同一洞径的条件下增大过水面积，减小截流落差，以利于截流施工。但在地质条件差或地下水位高的情况下，方圆形断面衬砌的边墙及底板会承受较大的应力，这时宜采用圆形或马蹄形断面。一般临时导流隧洞可以根据地质条件选择全部衬砌、部分衬砌或不衬砌。当洞内流速大于 20 m/s 时，可做锚喷支护。对于地质条件较好、流速不大的隧洞可不做衬砌，但应在开挖时采用光面爆破技术来降低糙率，提高隧洞的泄水能力。

（2）明渠导流

明渠导流是在河岸或河滩上开挖渠道，在基坑的上下游修建横向围堰，河道的水流经渠道下泄。这种施工导流方法一般适用于岸坡平缓或有一岸具有较宽的台地、垭口或古河道的地形时采用。例如，工程修建在河流弯道上，裁弯取直开挖明渠往往更为经济。

布置导流明渠，一定要保证明渠水流顺畅、泄水安全、施工方便。因此，明渠进出口处的水流与原河道主流的交角宜小于 30°。为保证明渠中水流顺畅，明渠的弯道半径应大于等于 3 倍的渠底宽度。渠道的进出口与上下游围堰间的距离不宜小于 50 m，以防止明渠进出口处的水流冲刷围堰的堰脚。为了延长渗径，减少明渠中的水流渗入基坑，明渠与基坑之间要有足够的距离。导流明渠最好是单岸布置，以利于工程施工。

导流明渠多采用梯形断面形式，在岩石完整、渠道不深时，宜采用矩形断面。渠道的过水能力取决于过水断面面积的大小和渠道的粗糙程度。为了提高渠道的过水能力，导流明渠可进行混凝土衬砌，以降低糙率和提高抗冲刷能力。

（3）涵管导流

涵管导流一般在修筑土坝、堆石坝等工程中采用。由于涵管的泄水能力较弱，因此一般用于流量较小的河流上或只用来担负枯水期的导流。

导流涵管通常布置在靠河岸边的河床台地或岩基上，进水口底板高程常设在枯水期水位以上，这样可以不修围堰或只需修建一个小的子堰便可修建涵管，待涵管建成后，再在河床处坝轴线的上下游修筑围堰，截断河水，使上游来水经涵管下泄。

导流涵管一般采用的是门洞形断面或矩形断面。当河岸为岩基时，可在岩基中开挖一条矩形沟槽，必要时加以衬砌，然后封上钢筋混凝土盖板，形成涵管。当河岸为台地时，可在台地上开挖出梯形沟槽，然后在沟槽内修建钢筋混凝土涵管。为了防止涵管外壁和坝内防渗体之间发生渗流，必须严格控制涵管外壁处坝体防渗土料的分层压（夯）实质量，同时要在涵管的外壁每隔一定的距离设置一道截水环，截水环与涵管连成一体同时浇筑，其作用是延长渗透水流的路径，降低渗流的水力坡降，减少渗流的破坏作用。此外，涵管本身的温度缝或沉陷缝中的止水也须认真处理。

2.分段围堰法导流

分段围堰法导流，也称分期围堰法导流或河床内导流。但是，习惯上则多称其为分期导流。所谓分段，就是将河床围成若干个基坑，分段进行施工。所谓分期，就是从时间上将导流过程划分成若干阶段。分段是就空间而言的，分期是就时间而言的。导流分期数和围堰分段数并不一定相同，段数分得越多，施工越复杂；期数分得越多，工期拖延越长。因此，在工程实践中，两段两期导流方式采用得最多。

在流量很大的平原河道或河谷较宽的山区河流上修建混凝土坝枢纽时，宜采用分期导流的方式。这种导流方式较易满足通航、过木、排冰、过鱼、供水等要求。根据不同时期泄水道的特点，分期导流方式又可以分为束窄河床导流和通过已建或在建的永久建筑物导流。

（1）束窄河床导流

束窄河床导流通常用于分期导流的前期阶段，特别是一期导流。其泄水道是被围堰束窄后的河床。当河床覆盖层是深厚的细土粒层时，则束窄河床不可避免地会产生一定的冲刷。就非通航河道来说，只要这种冲刷不危及围堰和河岸的安全，一般是允许的。

（2）通过已建或在建的永久建筑物导流

这种泄水道多用于分期导流的后期阶段。

①通过已建的永久建筑物导流

修建低水头闸坝枢纽时，一期基坑中通常均布置有永久性泄水建筑物，可供二期导流泄水之用。例如，葛洲坝工程一期基坑中布置有泄水闸和冲沙闸，二期导流时，泄水闸供正常导流泄水之用。遇到特大洪水时，冲沙闸也参与二期导流。

②底孔导流

利用设置在混凝土坝体中的永久底孔或临时底孔作为泄水道，是二期导流经常采用的方法。采用一次拦断法修建混凝土坝枢纽时，其后期导流也常利用底孔。

③缺口导流

当导流底孔的泄水能力不够，致使围堰高度过大时，可在混凝土坝体上预留缺口，作为洪水期的临时泄水通道。坝体的非缺口部分，在洪水期尚可继续施工。通常，缺口均与底孔或其他泄水建筑物联合工作，不能作为一种单独的导流方法。否则缺口处的坝体将无法继续升高。

④梳齿孔导流

这种导流方法因其泄水道断面形状类似于梳齿而得名，与底孔或缺口导流相比，其主要区别在于完建阶段的施工方法不同。因为梳齿孔是主要泄水道，在完建阶段，只能使梳齿孔按一定顺序轮流过水，并轮流在闸门掩护下浇筑孔口间的混凝土。梳齿导流法可用于低水头闸坝枢纽的修建。

⑤厂房导流

厂房导流适用于平原河道上的低水头河床式径流电站，比如我国的七里泷、西津水电站。个别高、中水头坝后式厂房和隧洞引水式电站厂房，也有通过厂房导流的，比如尼日利亚的凯基电站和埃及的阿斯旺电站。

分期导流法中还有一种特殊情况，习惯上称其为滩地法施工。这种导流方法与枢纽布置有密切关系。国外早期的水利工程建设中，有些平原河流的通航要求很高，施工期通航不允许受阻，但河床又极易受到冲刷。因此，工程施工过程中，河床基本上不允许受到束窄或者只允许受到轻微束窄，在具有宽阔滩地的平原河流上，枢纽布置设计时就将泄水建筑物布置在滩地上。枯水期河道水位比滩地低，一期施工先围滩地，一般无须修建围堰或者只修建很低的围堰。滩地法施工的一期导流泄水道是未被束窄的河床（枯水期），或略加束窄的河床（洪水期）。二期施工时的泄水道是滩地上已完建或未完建的混凝土建筑物。因此，滩地法可视为分期导流的特例。

在山区河道上修建混凝土坝或堆石坝时，无论是一次拦断，还是分期导流，只要基坑内正在施工的坝体允许过水，就可利用过水围堰淹没基坑宣泄部分流量。淹没基坑导流只能作为一种辅助导流方式，其作用类似于缺口导流，不能当作独立的导流方式使用。

由于实际施工中很少采用某种单一的导流方法，一般是几种导流方法相组合，所以对导流方法的命名与分类，还存在一些不同的看法。在国内外导流工程实践中，明渠导流与分期导流往往较难区分。底孔也可用于一次拦断法的后期导流，但是在分期导流中采用底孔的情况更为普遍，而且更具代表性。因此多数人均将底孔导流划入分期导流方法。

（四）导流设计

1.导流标准

导流标准，即用于导流设计的洪水频率标准，体现了经济性与所冒风险大小之间的选择。广义地说，导流标准是选择导流设计流量进行施工导流设计的标准，包括施工初期导流标准、坝体拦洪时的导流标准等。

2.洪水标准的确定

具体来说，首先根据保护对象、失事后果、适用年限和工程规模划分导流建筑物级别，然后根据建筑物类型和级别选定相应的洪水标准。实际上，导流标准的确定受众多因素的影响。如果标准太低，不能保证施工安全；反之，则使导流工程设计规模过大，不仅增加导流费用，而且可能因其规模太大以致无法按期完成，造成工程施工的被动局面。因此，大型工程导流标准的确定，应结合风险度的分析，使所选标准更加经济合理。

3.导流时段

在工程施工的过程中，不同阶段可以采用不同的施工导流方法和挡水、泄水建筑物。不同导流方法组合的顺序，通常称为导流程序。导流时段就是按导流程序所划分的各施工阶段的延续时间。具有实际意义的导流时段，主要是围堰挡水而保证基坑干地施工的时间，所以也称挡水时段。

导流时段的划分与河流的水文特征、水工建筑物的布置形式、导流方案、施工进度等因素有关。按河流的水文特征可分为枯水期、中水期和洪水期。在不影响主体工程施工的条件下，若导流建筑物只承担枯水期的挡水、泄水任务，显然可以大大减少导流建筑物的工程量，改善导流建筑物的工作条件，具有明显的技术经济效果。因此，合理划分导流时段，明确不同时段导流建筑物的工作条件，是既安全又经济地完成导流任务的基本要求。例如，土坝、堆石坝和支墩坝一般不允许过水，因此，当施工期较长，而洪水来临前又不能完工时，导流时段就要以全年为标准，其导流设计流量就应按导流标准选择相应洪水重现期的年最大流量。

4.导流设计流量

（1）不过水围堰

不过水围堰应根据导流时段确定。如果围堰挡全年洪水（高水围堰），其导流设计流量就是选定导流标准的年最大流量，导流挡水与泄水建筑物的设计流量相同。

如果围堰只挡某一枯水时段（低水围堰），则按该挡水时段内同频率洪水作为围堰和该时段泄水建筑物的设计流量。确定泄水建筑物总规模的设计流量，应按坝体施工期临时度汛的洪水标准来决定。

（2）过水围堰

过水围堰允许基坑淹没的导流方案，从围堰工作情况看，有过水期和挡水期之分，因此，它们的导流标准应有所不同。

过水期的导流标准与不过水围堰挡全年洪水时的导流标准相同。其相应的导流设计流量主要用于围堰过水情况，加固保护措施的结构设计和稳定分析，也用于校核导流泄水道的过水能力。挡水期的导流标准应结合水文特点及挡水时段，经技术经济比较后选定。当水文系列较长，大于或等于 30 年时，也可根据实测流量资料分析选用。其相应的导流设计流量主要用于确定堰顶高程、导流泄水建筑物的规模及堰体的稳定分析等。

5.导流方案

水利水电工程施工,从开工到完工往往不是采用单一的导流方法,而是几种导流方法组合起来配合运用,以取得最佳的效果。这种不同导流时段、不同导流方法的组合,通常称为导流方案。

导流方案的制定受多种因素的影响。施工单位必须在周密研究各种影响因素的基础上,拟定几个可行的方案,进行技术经济比较,从中选择技术经济指标优越的方案。选择导流方案时,应考虑的主要因素:①水文条件;②地形条件;③地质及水文地质条件;④水工建筑物的形式及其布置;⑤施工期间河流的综合利用;⑥施工进度、施工方法及施工场地布置。在选择导流方案时,除了综合考虑以上各方面因素,还应简化导流程序,降低导流费用。

二、水利水电工程施工截流

(一)截流方法

在施工导流中,截断原河床水流,把河水引向导流泄水建筑物下泄,在河床中全面开展主体建筑物的施工,就是截流。截流实际上是在河床中修筑横向围堰工作的一部分,在大江大河中截流是一项难度比较大的工作。

截流在施工导流中占有重要的地位,如果截流不能按时完成,就会延误整个河床部分建筑物的开工日期;如果截流失败,失去了以水文年计算的良好截流时机,则可能拖延工期达一年。因此,在施工导流中,常把截流看作一个关键环节,它是影响施工进度的一个控制项目。

截流之所以受到重视,还因为截流本身无论是在技术上还是在施工组织上,都具有艰巨性和复杂性。施工人员必须在非常狭小的工作面上以相当大的施工强度在较短的时间内进行截流的各项工作,为此,必须严密组织施工。对于大河流的截流,事先必须进行缜密的设计和水工模型试验,对截流工作进行充分的论证。此外，在截流开始之前，还必须切实做好器材、设备和组织上的充分准备。

截流方法主要有以下几种：

1.立堵法截流

立堵法截流是将截流材料，从龙口一端向另一端或从两端向中间抛投进占，逐渐束窄龙口，直至全部拦断。截流材料通常用自卸汽车在进占戗堤的端部直接卸料入水，个别巨大的截流材料也有用起重机、推土机投放入水的。

立堵法截流不需要在龙口架设浮桥或栈桥，准备工作比较简单，费用较低。但截流时龙口的单宽流量较大，出现的最大流速较高，而且流速的分布很不均匀，需用单个重量较大的截流材料。截流时，工作前线狭窄，抛投强度受到限制，施工进度受到影响。根据国内外截流工程的实践和理论研究，立堵法截流一般用在流量大、岩基或覆盖层较薄的岩基河床上。

2.平堵法截流

平堵法截流事先要在龙口架设浮桥或栈桥，用自卸汽车沿龙口全线从浮桥或栈桥上均匀地抛填截流材料直至戗堤高出水面为止。因此，平堵法截流时，龙口的单宽流量较小，出现的最大流速较低，且流速分布均匀，截流材料单个重量也较轻。截流时，工作前线长，抛投量较大，施工进度较快。但在通航河道上，龙口的浮桥或栈桥会阻碍航运。平堵法截流通常用在软基河床上。

（二）截流日期和截流设计流量

1.截流日期

截流日期的选择，既要把握截流时机，选择在最枯流量时段进行，又要为后续的基坑工作和主体建筑物施工留有余地，不影响整个工程的施工进度。在确定截流日期时，应考虑以下要求：

第一，截流以后，需要继续加高围堰，完成排水、清基、基础处理等基坑工作，并把围堰或永久建筑物在汛期前抢修到一定高程以上。为了保证这些工作的完成，截流日期应尽量提前。

第二，在通航的河流上进行截流，截流日期最好选择在对航运影响较小的时段内。因为截流过程中，航运必须停止，即使船闸已经修好，但因截流时水位变化较大，亦须停航。

第三，截流不应在流冰期进行，因为冰凌很容易堵塞河道或导流泄水建筑物，壅高上游水位，给截流带来极大困难。

此外，在截流开始前，应修好导流泄水建筑物，并做好过水准备，如清除影响泄水建筑物使用的围堰或其他设施。

综上所述，截流日期一般选在枯水期初流量已有明显下降的时候，未必一定选在流量最小的时候。但是，在截流设计时，根据历史水文资料确定的枯水期和截流流量与截流时的实际水文条件往往有一定出入。因此，在实际施工中，还须根据当时的水文气象预报及实际水情分析进行修正，最后确定截流日期。

2.截流设计流量

龙口合龙所需的时间往往是很短的，一般从数小时到几天，为了估计在此时段内可能发生的水情，做好截流的准备，需要选择合理的截流设计流量。一般可按工程的重要程度选用截流时期内 10%～20%频率的月或旬平均流量。如果水文资料不足，则可根据条件类似的工程来选择截流设计流量。无论用什么方法确定截流设计流量，都必须根据实际情况和水文气象预报加以修正，按修正后的流量进行各项截流的准备工作，作为指导截流施工的依据。

（三）龙口位置和宽度

龙口位置的选择，对截流工作顺利与否有很大影响。选择龙口位置时，要考虑下述一些技术要求：

一般来说，龙口应设置在河床主流部位，方向力求与主流顺直，使截流前河水能较顺畅地经由龙口下泄。但有时也可以将龙口设置在河滩上，此时，为了使截流时的水流平顺，应在龙口，上下游顺河流流势按流量大小开挖引河。龙口设在河滩上，一些准备工作就不必在深水中进行，这对确保施工进度和施工质量均较有利。

龙口附近应有较宽阔的场地，以便布置截流运输路线和堆放截流材料。原则上，龙口宽度应尽可能窄些，这样合龙的工程量就小些，截流的延续时间也短些，但以不引起龙口及其下游河床的冲刷为限。为了提高龙口的抗冲刷能力，减少合龙的工程量，须对龙口加以保护。龙口的保护包括护底和裹头，护底一般采用抛石、沉排等，裹头就是用石块、钢筋石笼、黏土麻袋包或草包、竹笼、柴石枕等把戗堤的端部保护起来。在通航河道上，当截流准备期通航设施尚未投入使用时，船只仍需在截流前由龙口通过。这时，龙口宽度便不能太窄，流速也不能太大，以免影响航运。

（四）截流材料和备料量

截流材料的选择，主要取决于截流时可能发生的流速及工地开挖、起重、运输设备的能力，尽可能就地取材。在北方，用麻袋、草包、石料、土料等作为截流材料。在南方，则用卵石、竹笼等作为截流材料。国内外大江大河截流的实践证明，块石是截流的基本材料。为确保截流既安全顺利，又经济合理，正确计算备料量十分必要。

（五）截流泄水道

截流泄水道是指在戗堤合龙时水流通过的地方，如束窄河槽、明渠、涵洞、隧洞、底孔和堰顶缺口等均为泄水道。截流泄水道的过水条件与截流难度关系很大，应该尽量创造良好的泄水条件，降低截流难度，平面布置应平顺，控制断面，尽量避免过大的侧收缩、回流。弯道半径要适当，以减少不必要的损失。应结合截流难度确定泄水道的泄水能力、尺寸、高度。在有充分把握截流的条件下尽量减少泄水道工程量，降低造价。在截流条件不利、难度大的情况下，可加大泄水道尺寸或降低高程，以降低截流难度。泄水道计算中应考虑沿程损失、弯道损失、局部损失。弯道损失可单独计算，亦可纳入综合糙率计算。如泄水道为隧洞，截流时其流态以明渠为宜，应避免出现半压力流态。对于截流难度大或条件较复杂的泄水道，应通过模型试验核定截流水头。

泄水道内围堰应拆除干净，少留阻水埂。如估计来不及或无法拆除干净时，应考虑其对截流水头的影响。如截流过程中，由于冲刷因素有可能使下游水位降低，增加截流水头时，则在计算和试验时应予以考虑。

第三节　水利水电工程土石坝施工

一、土石坝概述

（一）土石坝的定义与类型

土石坝是指土料和石料经过相应的碾压处理之后所建成的具有挡水和截水作用的大坝。如果采用的材料是土和砂砾，那么这种大坝就被称作土坝；如果采用的材料是石渣，那么这种大坝就被称作石坝。如果按照坝高对大坝进行分类，通常可以将其分成高坝、中坝和低坝三种。土石坝对施工地点的地质要求并不是很高，而且这种大坝的结构相对简单，施工的速度比较快，不需要担心出现延期的情况。

（二）土石坝的优缺点

1.土石坝的优点

第一，施工时所需要的原料是土料或者石料，这些材料在施工地点的市场就可以购买到，这样就可以减少施工中对钢材和水泥等材料的使用，在节约能源的同时，也能更好地保证材料在进场时能够满足施工的要求。

第二，土石坝是一种松散的颗粒结构，所以对建设过程中所产生的结构变形能够得以有效的控制，选择土坝坝基形式时可以放宽对地质的限制。

第三，和其他的结构相比，土石坝的结构不是特别复杂，因此，如果要进行维护或者是扩建，就不需要非常烦琐的工序。

2.土石坝的缺点

第一，在施工的过程中比较容易受到天气的影响，这在一定程度上增加了工程的建设成本。

第二，土石坝自身不能够实现溢流，所以，在施工的过程中必须用导流隧洞将多余的水排出，这样就会给施工造成麻烦。

第三，这种坝体结构自身没有泄洪的功能，所以，需要建设有泄洪功能的建筑设施。

二、土石坝施工要点

（一）料场规划

1.料场规划的内容

土石坝用料量很大，料场的合理规划与使用是土石坝施工中的关键问题之一，它不仅关系到坝体的施工质量、工期和工程投资，还会影响工程的生态环境和国民经济其他部门。在选择坝址阶段需要对土石料场进行全面调查，施工前要配合施工组织设计对料场进行深入勘测，并从空间、时间、质与量等方面进行全面规划。

（1）空间规划

所谓空间规划，是指恰当地选择料场位置、高程，合理布置。土石料的上坝运距尽可能短些，高程上有利于重车下坡，减少运输机械功率的消耗。近料场不应因取料影响坝的防渗、稳定和上坝运输；也不应使道路坡度过陡，避免引起运输事故。坝的上下游、左右岸最好都设有料场，这样有利于上下游、左右岸同时供料，减少施工干扰，从而保证坝体均衡上升。用料时原则上应低料低用，高料高用，当高料场储存量较充裕时，亦可高料低用。同时料场的位置应有利于布置开采设备，交通及排水通畅。对石料场的规划还应考虑与重要建筑物、构筑物、机械设备等保持足够的防爆、防震安全距离。

（2）时间规划

所谓时间规划，就是考虑施工强度和坝体填筑部位的变化选择料场使用时机和填料数量。随着季节及坝前蓄水情况的变化，料场的工作条件也在发生变化。在用料规划上应力求做到上坝强度高时用近料场，低时用较远的料场，使运输任务比较均衡。应先用近料场和上游易淹的料场，后用远料场和下游不易淹的料场；含水量高的料场旱季用，含水量低的料场雨季用。在料场使用规划中，还应保留一部分近料场供合龙段填筑和拦洪度汛高峰时使用。此外，还应对时间和空间进行统筹规划，否则就会事与愿违。例如，甘肃碧口水电站的土石坝，施工初期由于料源不足，规划不落实，导流后第一年度汛时就将 4.5 km 以内的砂砾料场基本用完，而以后逐年度汛用料量更大，不得不用 4.5 km 以外的远料场，不仅增加了不必要的运输任务，还给后期各年度汛增加了困难。

（3）质与量的规划

料场质与量的规划是料场规划最基本的要求，也是决定料场取舍的重要因素。在选择和规划使用料场时，应对料场的地质成因、产状、埋深、储量以及各种物理力学指标进行全面勘探和试验。勘探精度应随设计深度加深而提高。在施工组织设计中，进行用料规划，不仅应使料场的总储量满足坝体总使用量的要求，还应满足施工各阶段最大上坝强度的要求。

2.料场规划的原则

（1）料尽其用原则

充分利用永久和临时建筑物基础开挖渣料是土石坝料场规划的一项重要原则。为此应增加必要的施工技术组织措施，确保渣料的充分利用。例如，若导流建筑物和永久建筑物的基础开挖时间与上坝时间不一致，则可调整开挖和填筑进度，或增设堆料场储备渣料，供填筑时使用。

第一，为了紧缩坝体设计断面和充分利用渣料，采用人工筛分控制填料的级配越来越普遍。美国园峰坝有70%的上坝料经过筛分，奥罗维尔大坝在开挖心墙料时将直径大于 7.5 cm 的料筛选出来作为坝壳填料，我国碧口水电站的土石坝利用混凝土骨料筛分后的超径料作为坝壳填料。这种用料的数量、规格都应纳入料场规划。

第二，料场规划还应对主要料场和备用料场分别加以考虑。前者要求质好、量大、运距近，且有利于常年开采；后者通常在淹没区外，当前者被淹没或因库区水位抬高、土料过湿或其他原因中断使用时，则用备用料场，这样可以保证坝体填筑不中断。

第三，在规划料场实际可开采总量时，应考虑料场勘查的精度、料场天然密度与坝体压实密度的差异，以及开挖运输、坝面清理、返工削坡等损失。另外，选择料场应结合施工总体布置，应根据运输方式、强度来规划运输线路、布置装料面。料场内装料面应保持合理的间距，间距太小会使运输路线频繁变化，影响施工效率，间距太大则会影响开采强度，通常装料面间距以100 m 为宜。整个场地规划还应排水通畅，全面考虑出料、堆料、弃料的位置，力求避免干扰，以加快采运速度。

（2）土石方平衡原则

土石方平衡原则是充分而合理地利用建筑物开挖料。根据建筑物开挖料和料场开采料的料种与品质，制定采、供、弃规划，优料优用，劣料劣用。保证工程质量，便于管理，便于施工。充分考虑挖填进度要求、物料储存条件，且留有余地，妥善安排弃料，以保护环境。

在划分标段时，溢洪道等拟作坝料的大方量建筑物开挖工程，宜与大坝填筑划归同一标段，为开挖料直接上坝创造条件。与填筑不同期的开挖体、与填筑不是同一标段的开挖工程，不宜直接上坝；同期同一标段的开挖工程，也应该设置足够容量的调节料场，在挖、填不能同期施工时作调节之用。拟作坝料的大方量建筑物开挖工程，应尽量和坝体填筑进行协调施工，以避免或减少因料场转运增加费用和物料损耗。

3.料场规划的基本方法

土石坝工程既有大量的土石方开挖，又有大量的土石方填筑。开挖可用料的充分利用，废弃料的妥善处理，补充料场的选择与开采数量的确定，备用料场的选择，以及物料的储存、调度是土石坝施工组织设计的重要内容，对保证工程质量、加快施工进度、降低工程造价、节约用地和保护环境具有重要意义。

（1）填挖料平衡计算

根据建筑物设计填筑工程量统计各料种填筑方量。根据建筑物设计开挖工程量、地质资料、建筑物开挖料可用及不可用分选标准，并进行经济比较，确定并计算可用料和不可用料数量；根据施工进度计划和渣料存储规划，确定可用料的直接上坝数量和需要存储的数量；根据折方系数、损耗系数，计算各建筑物开挖料的设计使用数量（含直接上坝数量和堆存数量）、舍弃数量和由料场开采的数量，综合平衡挖、填、堆、弃。

（2）土石方调度优化

土石方调度优化的目的是找出总运输量最小的调度方案，从而使运输费用最低，降低工程造价。土石方调度是一个物资调动问题，可用系统规划和计算机仿真技术等进行优化处理。对于大型土石坝，可进行土石方平衡及坝体填筑施工动态仿真，优化土石方调配，论证调度方案的经济性、合理性和可行性。

（二）土石料开挖运输

土石坝施工中，从料场的开挖、运输，到坝面的平料和压实等各项工序，都可由互相配套的工程机械完成，构成"一条龙"式的施工工艺流程，即综合机械化施工。在大中型土石坝，尤其在高土石坝中，实现综合机械化施工对提高施工技术水平、加快土石坝工程建设速度，具有十分重要的意义。

坝料的开挖与运输是保证上坝强度的重要环节之一。开挖运输方案，主要根据坝体结构布置特点、坝料性质、填筑强度、料场特性、运距远近、可供选择的机械型号等多种因素，综合分析比较确定。土石坝施工中，开挖运输方案主要有以下几种：

1.正向铲开挖，自卸汽车运输上坝

正向铲开挖，自卸汽车运输直接上坝，通常运距小于 10 km。自卸汽车具有可运各种坝料、运输能力强、设备通用、能直接铺料、机动灵活、转弯半径小、爬坡能力较强等优点，在国内外高土石坝施工中获得了广泛应用，且挖运机械朝着大斗容量、大吨位方向发展。在施工布置上，正向铲一般采用立面开挖，汽车运输道路可布置成循环路，装料时，停在挖掘机一侧的同一平面上，即汽车鱼贯式地装料与行驶。这种布置形式，可减少汽车的倒车时间，正向铲采用 60°～90° 的转角侧向卸料，回转角度小，生产率高。

2.正向铲开挖，胶带机运输

国内外很多水利水电工程施工中，广泛采用胶带机运输土、砂石料，国内的土石坝施工，胶带机成为主要的运输工具。胶带机的爬坡能力强，运输费用较低。胶带机可直接从料场运输上坝，也可与自卸汽车配合，做长距离运输，在坝前经漏斗由自卸汽车转运上坝。

3.斗轮式挖掘机开挖，胶带机运输，转自卸汽车上坝

当填筑方量大、上坝强度高、料场储量大而集中时，可采用斗轮式挖掘机开挖。斗轮式挖掘机将料转入移动式胶带机，其后接长距离的固定式胶带机至坝面或坝面附近经自卸汽车运至填筑面。这种布置方案使挖、装、运连续进行，

不仅简化了施工工艺，而且提高了机械化水平和生产率。

4.采砂船开挖，有轨机车运输，转胶带机上坝

国内一些大中型水利水电工程施工中，广泛采用采砂船开采水下的砂砾料，配合有轨机车运输。当料场集中、运输量大、运距大于 10 km 时，可用有轨机车进行水平运输。有轨机车不能直接上坝，要在坝脚经卸料装置转胶带机运输上坝。

坝料的开挖运输方案很多，但无论采用何种方案，都应结合工程施工的具体条件。

（三）土料压实

1.土料压实特性

土料压实特性与土料自身的性质、颗粒组成情况、级配特点、含水量大小以及压实功能等有关。

黏性土和非黏性土的压实有显著的差别。黏性土的黏结力较大，摩擦力较小，具有较大的压缩性，但由于它的透水性小，排水困难，所以很难达到固结压实。非黏性土则相反，它的黏结力小，摩擦力大，具有较小的压缩性，但由于它的透水性大，排水容易，因此能很快压实。

土料颗粒粗细也影响压实效果。颗粒越细，空隙比就越大，含矿物分散度越大，就越不容易压实，所以，黏性土的压实干表观密度低于非黏性土的压实干表观密度。颗粒不均匀的砂砾料比颗粒均匀的细砂可能达到的压实干表观密度要大一些。

土料的含水量也是影响压实效果的重要因素之一。非黏性土的透水性大，排水容易，能够很快压实，不存在最优含水量，含水量不做专门控制，这是非黏性土与黏性土压实特性的根本区别。

压实功能大小也影响着土料干表观密度的大小，击实次数增加，干表观密度也随之增大而最优含水量则随之减小，说明同一种土料的最优含水量和最大干表观密度并不是一个恒定值，而是随压实功能的不同而异。

一般来说，增加压实功能可增加干表观密度，这种特性对含水量较低（小于最优含水量）的土料比对含水量较高（大于最优含水量）的土料更为显著。

2.土料压实要达到的标准

土料的压实效果越好，其力学性能也就越好，就越能保证坝体填筑的质量。但是，如果土料过分压实，不仅会导致费用增加，还会破坏剪力。所以，要有一定的压实标准。压实标准要根据坝料的性质确定。

（1）黏性土

黏性土的压实标准，主要用压实干表观密度和施工含水量这两个指标控制。具体来说，从以下几个方面着手：①用击实试验确定压实标准；②用最优饱和度与塑限的关系，计算最大干表观密度。

（2）石渣

石渣作为坝壳材料，可用空隙率作为压实指标。根据国内外的工程实践经验，碾压式堆石体空隙率应小于30%，控制空隙率在适当范围内，有利于防止沉陷和湿陷裂缝。

（四）坝体填筑

1.坝面流水作业

施工人员必须严密组织土石坝填筑，保证各工序的衔接，通常采用分段流水作业。分段流水作业是根据施工工序数目将坝面分段，组织各工种的专业队伍依次进入各工段施工。对同一工段来讲，各专业队伍按工序依次连续施工；对各专业队伍来讲，依次连续地在各工段完成固定的专业工作。进行流水作业，有利于施工队伍技术水平的提高，保证施工过程中各种资源的充分利用，避免施工干扰，有利于坝面连续有序施工。

2.卸料及平料

通常采用自卸汽车、胶带机直接进入坝面卸料，由推土机平铺成要求的厚度。自卸汽车倒土的间距应使后面的平料工作减少，便于铺成要求的厚度。在坝面各料区的边界处，铺料会有出入，通常规定其他材料不准进入防渗区边界线的内侧。

3.碾压方法

坝面的填筑压实应按一定的次序进行，避免漏压与超压。防渗体土料的碾压方向应与坝轴线方向平行，不得垂直于坝轴线方向碾压，避免局部漏压形成横穿坝体的集中渗流带。

（五）接合部位施工

土石坝施工中，坝体的防渗土料不可避免地与地基、岸坡、周围其他建筑的边界相接合。由于施工导流，施工方法，分期、分段、分层填筑等的要求，必须设置纵横向的接坡、接缝。所以，这些接合部位都是影响坝体整体性和质量的关键部位，也是施工中的薄弱环节，处理工序复杂，施工技术要求高，且多系手工操作，质量不易控制。此外，接坡、接缝过多，还会影响坝体填筑速度，特别是影响机械化施工。对接合部位的施工，必须采取可靠的技术措施，加强质量控制和管理，确保坝体的填筑质量满足设计要求。

（六）反滤层施工

反滤层的填筑方法，大体可分为削坡法、挡板法及土砂松坡接触平起法三类。土砂松坡接触平起法能适应机械化施工，填筑强度高，可做到防渗体、反滤料与坝壳料平起填筑，均衡施工，因此，被广泛采用。根据防渗体土料和反滤层填筑的次序以及搭接形式的不同，可分为先土后砂法和先砂后土法。

无论是先砂后土法还是先土后砂法，土砂之间都必然出现犬牙交错的现象。反滤料的设计厚度，不应将犬牙厚度计算在内，不允许过多削弱防渗体的有效断面，反滤料一般不应伸入心墙内，犬牙大小由各种材料的休止角决定，且犬牙交错带不得大于其每层铺土厚度的1.5倍。

三、土石坝冬季和雨季施工

土石坝的施工特点之一就是大面积的露天作业，直接受外界气候环境的影响，尤其是对防渗土料影响更大。降雨会增大土料的含水量，冬季土料又会冻结成块，这些都会影响施工质量。因此，土石坝的冬季和雨季施工问题常成为土石坝施工的障碍。它使施工的有效工作日大为减少，造成土石坝施工强度不均匀，增加施工过程中拦洪、度汛的难度，甚至延误工期。为了保证坝体的施工进度，降低工程造价，必须解决土石坝冬季和雨季施工问题。

（一）土石坝冬季施工

寒冬土料冻结会给施工带来极大困难，因此当日平均气温低于 0℃时，黏性土料应按低温季节施工标准施工；当日平均气温低于 -10℃时，一般不宜填筑土料，否则应进行技术经济论证。

我国北方地区冬季时间长，如不能施工将给工程进度带来影响。因此，土石坝冬季施工也就成为在北方地区施工时要解决的重要问题。冬季施工的主要问题在于：土的冻结使其强度增大，不易压实；而冻土的融化却使土体的强度和土坡的稳定性降低；处理不好，将使土体产生渗漏或塑流滑动。

外界气温降低时，土料中水分开始结冰的温度低于 0℃，即所谓过冷现象。土料的过冷温度和过冷持续时间与土料种类、含水量大小和冷却强度有关。当负温不是太低时，土料的水分能长期处于过冷状态而不结冰。含水量低于塑限的土料及含水量低于 4%的砂砾料，由于水分子与颗粒的相互作用，土的过冷现象极为明显。土的过冷现象表明，当负气温不太低时，用具有正温的土料露天填筑，只要控制好含水量，有可能在土料未冻结之前填筑完毕。因此，土石坝冬季施工，只要采取适当的技术措施，防止土料冻结，降低土料含水量，减少冻融带来的影响，仍可保证施工质量和施工进度。

1. 负温下的土料填筑

负温下的土料填筑，要求黏性土含水量略低于塑限，防渗体土料含水量不应大于塑限的 90%，不得加水或夹有冰雪。在未冻结的黏土中，允许含有少量小于 5 cm 的冻块，但要均匀分布，其允许含量与土温、土料性质、压实机具和压实标准有关，要通过试验确定。

铺料、碾压、取样等，应快速作业，压实土料温度必须在−1℃以上。土料填筑应提高压实强度，宜采用重型碾压机械。在坝体分段接合处严禁有冻土层、冰块存在，应将已填好的土层按规定削成斜坡相接，接坡处应做成梳齿形样槽，用不含冻土的暖料填筑。

2. 负温下的砂砾料填筑

砂砾料的含水量应小于 4%，不得加水。最好采用地下水位以上或气温较高季节堆存的砂砾料填筑。填筑时应基本保持正温，冻料含量应在 10%以下，冻块粒径不超过 10 cm 且分布均匀。利用重型振动碾和夯板压实，使用夯板时，每层铺料厚度可减薄 1/4 左右；使用重型振动碾时，一般可不减薄。

3. 暖棚法施工

当日最低气温低于−10℃时，多采用简易结构暖棚和保温材料，将需要填筑的坝面临时封闭起来。在暖棚内采取蒸汽或火炉等升温措施，使之在正温条件下施工。暖棚法施工费用较高，大伙房水库心墙坝冬季暖棚法施工与正温露天作业相比，其黏性土填筑费用增加 41.8%，砂砾料填筑费用则增加 102%。

在负温下对土石坝施工，应对料场采取防冻保温措施，如在料场可采取覆盖隔热材料或积雪、冰层等方式进行保温，也可用松土保温等。一般来说，只要采料温度为 5～10℃，碾压时温度不低于 2℃，就能保证土料的压实效果。

（二）土石坝雨季施工

土石坝防渗体土料在雨季施工时，总的原则是"避开、适应和防护"。一般情况下，应尽量避免在雨季进行土料施工；选择对含水量不敏感的非黏性土料，以适应雨季施工，争取小雨日施工，以增加施工天数；在雨日不太多、降雨强度大、花费不大的情况下，采取一般性的防护措施也常能奏效。例如，某黏土心墙坝，在雨季中的晴天，心墙两侧仅填筑部分足以维持心墙稳定的护坡坝壳，其外坡的坡度一般为 1：2～1：1.5，当下雨不能填土时，则集中力量填筑坝壳部分。对于斜墙坝，也应在晴天抢填土料，在雨天或雨后填筑坝壳部分，从而减少彼此的干扰，使施工程序更为协调。

在雨季施工时，还应采取以下有效的施工技术及防护措施。

第一，快速压实松土，防止雨水渗入松土，这是雨季施工中最有效的措施，具有省工、省费用、施工方便等优点。坝面填筑应力争平起，保持填筑面平整，使填筑面中央凸起，微向上下游倾斜 2%左右，以利于排水。对于砂砾料坝壳，应防止暴雨冲刷坝坡，可在距坝坡 2～3 m 处，用砂砾料筑起临时小埝，不使坝面雨水沿坡面下流，而使雨水下渗。雨前将施工机械撤出填筑面，停放在坝壳区，做好填土面的保护工作。下雨或雨后，尽量不要踩踏坝面，禁止机械通行，以防止坝面上形成稀泥。

第二，可在坝面设防雨棚，用苫布、油布或简易防雨设备覆盖坝面，避免雨水渗入，缩短雨后停工时间，争取缩短填筑工期。在雨季还应采取措施及时排除土料场的雨水，土料场停工或下雨时，原则上不得留有松土。如必须贮存一部分松土，可堆成"土牛"（大土堆）并加以覆盖，并在四周设置排水设施。

第三，运输道路也是雨季施工的关键之一。一般的泥结碎石路面遇雨水浸泡时，路面容易被破坏，即使天晴坝面可复工，但因道路影响，材料运输车不能及时复工，不少工程有过此类问题。所以应采取措施加强雨季路面维护和排水工作，在多雨地区的主要运输道路，可考虑采用混凝土路面。

四、土石坝施工质量控制

施工质量检查和控制是保证土石坝安全的重要措施。在施工过程中，除对地基进行专门检查外，对料场土料、坝身填筑以及堆石体、反滤料的填筑都应进行严格的检查和控制。在土石坝施工过程中，应实行全面质量管理制度，建立完善的质量保证体系。

（一）料场的质量检查与控制

对料场来说，应经常检查所取土料的土质情况、土块大小、杂质含量及含水量是否符合规范规定。其中，含水量的检查和控制尤为重要。若土料的含水量偏高，一方面应改善料场的排水条件，采取防雨措施，另一方面应将含水量偏高的土料进行翻晒处理，或采取轮换掌子面的办法，使土料含水量降至规定范围再开挖。若以上方法仍难以满足要求，可以采用机械烘干法烘干。

当土料含水量不均匀时，应考虑堆筑"土牛"，待含水量均匀后再外运。当含水量偏低时，对于黏性土料应考虑在料场加水。

料场加水的有效方法是分块筑畦埂，灌水浸渍，轮换取土。若地形高差大也可采用喷灌机喷洒，此法易于掌握，能节约用水。无论采用哪种加水方式，均应进行现场试验。对于非黏性土料，可用洒水车在坝面喷洒加水，避免运输时从料场至坝上的水量损失。

对石料场来说，应经常检查石质、风化程度、爆落块料大小及形状是否满足上坝要求。如发现不合要求，应查明原因，及时处理。

（二）坝面的质量检查与控制

在坝面作业中，应对铺土厚度、填土块度、含水量大小、压实后的干表观密度等进行检查，并提出质量控制措施。对黏性土来说，含水量的检测是关键。最简单的办法是"手检"，即手握土料能成团，手指搓可成碎块，则含水量合适。但这种方法太依赖经验，不是十分可靠。工地多用取样烘干法，如酒精灯燃烧法、红外线烘干法、高频电炉烘干法、微波含水量测定仪等。采用核子水分密度仪能够迅速、准确地测定压实土料的含水量及干表观密度。

　　Ⅰ、Ⅱ级坝的心墙、斜墙，测定土料干表观密度的合格率应不小于 90%；Ⅲ、Ⅳ级坝的心墙、斜墙或Ⅰ、Ⅱ级均质坝的心墙、斜墙，测定土料干表观密度的合格率应达到 80%。不合格干表观密度不得低于设计干表观密度的 98%，且不合格样不得集中。测定压实干表观密度时，黏性土一般可用体积为 200～500 cm³ 的环刀测定；砂可用体积为 500 cm³ 的环刀测定；砾质土、砂砾料、反滤料可用灌水法或灌砂法测定；堆石因其空隙大，一般用灌水法测定。当砂砾料因缺乏细料而架空时，也可用灌水法测定。

　　根据地形、地质、坝料特性等因素，在施工特征部位和防渗体中选定一些固定取样断面，沿坝高 5～10 m 取代表性试样（总数不宜少于 30 个），进行室内物理力学性能试验，作为核对设计及工程管理的依据。此外，还要对坝面、坝基、削坡、坝肩接合部、与刚性建筑物连接处以及各种土料的过渡带进行检查，应认真检查土层层间结合处是否出现光面和剪力破坏现象。对施工过程中的可疑之处，如上坝土料的土质、含水量不合要求，漏压或碾压遍数不够，超压或碾压遍数过多，铺土厚度不均匀等环节应重点抽查，不合格者返工。

　　对于反滤层、过渡层、坝壳等非黏性土的填筑，主要应控制压实参数，如不符合要求，施工人员应及时纠正。在填筑排水反滤层的过程中，每层在 25×25 m² 的面积内取样 1～2 个；对于条形反滤层，每隔 50 m 设一取样断面，每个取样断面每层取样不得少于 4 个，均匀分布在断面的不同部位，且层间取样位置应彼此对应。应全面检查反滤层铺填厚度、是否混有杂物、填料的质量及颗粒级配等。通过颗粒分析，查明反滤层的层间系数和每层的颗粒不均匀系数是否符合设计要求。如不符合要求，应重新筛选，重新铺填。

　　土坝的堆石棱体与堆石体的质量检查大体相同。主要应检查上坝石料的质量、风化程度，石块的重量、尺寸、形状，以及堆筑过程中有无离析、架空现象等。检查堆石的级配及孔隙率的大小时，应分层分段取样，确定是否符合规范要求。对坝体的填筑应分层埋设沉降管，定期观测施工过程中坝体的沉陷情况，并画出沉陷随时间变化的过程曲线。另外，应及时整理对填筑土料、反滤料、堆石体等的质量检查记录，分别编号存档，编制数据库，既作为施工过程全面质量管理的依据，也作为坝体运行后进行长期观测和事故分析的佐证。

近年来，我国已研制成功一种装在振动碾上的压实计，能向在碾压中的堆石层发射和接收其反射的振动波，可在仪器上显示出堆石体在碾压过程中的变形模量。这种装置使用方便，可随时获得所需数据，但其精度较低，只能作为测量变形数据的辅助工具。

第四节　水利水电工程
混凝土坝施工

一、坝体混凝土浇筑

（一）混凝土坝的分缝分块

混凝土坝施工，由于受到温度应力和混凝土浇筑能力的限制，不可能使整个坝段连续不断一次浇筑完毕，因此需要用垂直于坝轴线的横缝和平行于坝轴线的纵缝以及水平缝将坝体划分为许多浇筑块进行浇筑。分缝方法有纵缝法、错缝法、斜缝法、通缝法等。

1.纵缝法

用垂直纵缝把坝段分成独立的柱状体，因此，又叫柱状分块。纵缝法的优点是温度控制容易，混凝土浇筑工艺比较简单，各柱状块可分别上升，彼此干扰小，施工安排灵活，但为保证坝体的整体性，必须进行接缝灌浆；纵缝法的缺点是模板工作量大，施工复杂。纵缝间距一般为 20～40 m，以便降温后接缝有一定的张开度，便于接缝灌浆。

2.错缝法

错缝法又称砌砖法。分块时，将块间纵缝错开，互不贯通，故坝的整体性好，可进行纵缝灌浆。但由于浇筑块相互搭接，施工干扰很大，施工进度较慢，同时，在纵缝上下端因应力集中容易开裂。

3.斜缝法

斜缝一般沿平行于坝体第二主应力方向设置，缝面剪应力很小，只要设置缝面键槽不必进行接缝灌浆。往往是为了便于坝内埋管的安装，或利用斜缝形成临时挡洪面采用斜缝法。但斜缝法施工干扰大，斜缝顶并缝处容易产生应力集中，斜缝前后浇筑块的高差和温差需严格控制，否则会产生很大的温度应力。

4.通缝法

通缝法，即通仓浇筑法，不设纵缝，混凝土浇筑按整个坝段分层进行，一般不需要埋设冷却水管。同时，由于浇筑仓面大，便于施工，简化了施工程序，施工速度快，但因其浇筑块长度大，容易产生温度裂缝，所以温度控制要求比较严格。

（二）混凝土浇筑

1.混凝土浇筑准备

混凝土浇筑施工准备工作的主要项目有基础处理，施工缝处理，仓面准备，模板、钢筋及预埋件检查，施工人员的组织，浇筑设备及其辅助设施的布置，浇筑前的检查验收等。下面，就其中几项进行详细介绍。

（1）基础处理

对于土基，先将开挖基础时预留下来的保护层挖除并清除杂物，然后用碎石垫底，盖上湿沙，再压实，浇8～12 cm厚的素混凝土垫层。

对于岩基，一般要求清除到质地坚硬的新鲜岩面，然后进行整修。整修是用铁锹等工具去掉表面松软岩石、棱角和反坡，并用高压水冲洗，压缩空气吹扫。若岩面上有油污、灰浆及其黏结的杂物，还应用钢丝刷反复刷洗，直至岩面清洁为止。清洗后的岩基在混凝土浇筑前应保持洁净和湿润。

当有地下水时，要认真处理，否则会影响混凝土的质量。常见的处理方法：做截水墙拦截渗水，引入集水井一并排出；对基岩进行必要的固结灌浆，以封堵裂缝，阻止渗水；沿周边打排水孔，导出地下水，在浇筑混凝土时埋管，用水泵抽出孔内积水，直至混凝土初凝，7 d 后灌浆封孔；适当降低底层砂浆和混凝土的水灰比。

（2）施工缝处理

施工缝是指浇筑块之间新老混凝土之间的结合面。为了保证建筑物的整体性，在新混凝土浇筑前，必须将老混凝土表面的水泥膜（又称乳皮）清除干净，并使其表面新鲜整洁、有石子半露的麻面，以利于新老混凝土紧密结合。施工缝的处理方法有以下几种：

①风砂水枪喷毛。将经过筛选的粗砂和水装入密封的砂箱，并通入压缩空气。高压空气混合水砂，经喷枪喷出，把混凝土表面喷毛。一般在混凝土浇后 24～48 h 开始喷毛，视气温和混凝土强度增长情况而定。

②高压水冲毛。在混凝土凝结但尚未完全硬化以前，用高压水冲刷混凝土表面，形成毛面，对龄期稍长的可用压力更高的水，有时配以钢丝刷刷毛。高压水冲毛的关键是把握冲毛时机，过早会使混凝土表面松散和冲去表面混凝土；过迟则混凝土变硬，不仅增加工作难度，而且不能保证质量。

③刷毛机刷毛。在大而平坦的仓面上，可用刷毛机刷毛。刷毛机装有旋转的粗钢丝刷和吸收浮渣的装置，利用粗钢丝刷旋转刷毛并利用吸渣装置吸收浮渣。喷毛、冲毛和刷毛适用于尚未完全凝固混凝土水平缝面的处理。全部处理完后，需用高压水清洗干净，要求缝面无尘、无渣，然后盖上麻袋或草袋进行养护。

④风镐凿毛或人工凿毛。已经凝固的混凝土利用风镐凿毛或石工工具凿

毛，凿深为 1～2 cm，然后用压力水冲净。凿毛多用于垂直缝。

仓面清扫应在浇筑前进行，以清除施工缝上的垃圾、浮渣和灰尘，并用压力水冲洗干净。

（3）仓面准备

①机具设备、照明、水电供应、混凝土原材料的准备等。

②检查仓面施工的脚手架、工作平台、安全网等是否牢固，检查电源开关、动力线路是否符合安全规定。

③仓位的浇筑高程、上升速度、特殊部位的浇筑方法和质量要求等技术问题，必须事先进行技术交底。

④地基或施工缝处理完毕并养护一定时间，已浇好的混凝土强度达到 2.5 MPa 后方可在仓面进行放线，安装模板、钢筋和预埋件，架设脚手架等作业。

（4）模板、钢筋及预埋件检查

开仓浇筑前，必须按照设计图纸和施工规范的要求，对仓面安设的模板、钢筋及预埋件进行全面检查验收，签发合格证。

①模板检查，主要检查模板的架立位置与尺寸是否准确，模板及其支架是否牢固、稳定，固定模板用的拉条是否弯曲等。

②钢筋检查，主要检查钢筋的数量、规格、间距、保护层、接头位置及搭接长度是否符合设计要求，要求焊接或绑扎接头必须牢固，安装后的钢筋网骨架应有足够的刚度和稳定性，钢筋表面应清洁。

③预埋件检查，主要是对预埋管道、止水片、止浆片等进行检查，主要检查其数量、安装位置和牢固程度。

2.铺料

开始浇筑前，要在岩面或老混凝土面上先铺一层 2～3 cm 厚的水泥砂浆（接缝砂浆），以保证新混凝土与基岩或老混凝土接合良好。砂浆的水灰比应较混凝土水灰比减少 0.03～0.05。混凝土的浇筑，应按一定厚度、次序、方向分层推进。

铺料厚度应根据拌和能力、运输距离、浇筑速度、气温及振捣器的性能等因素确定。如采用低流态混凝土及大型强力振捣设备，其浇筑层厚度应根据试验确定。常用的浇筑方法有平层浇筑法、斜层浇筑法和台阶浇筑法。

（1）平层浇筑法

平层浇筑法是混凝土按水平层连续逐层铺填，第一层浇完后再浇第二层，依次类推，直至达到设计高度。因浇筑层之间的接触面积大，应注意防止出现冷缝。

（2）斜层浇筑法

当浇筑仓面面积较大，而混凝土拌和、运输能力有限，采用平层浇筑法容易产生冷缝时，可用斜层浇筑法和台阶浇筑法。

斜层浇筑法是在浇筑仓面，从一端向另一端推进，推进中及时覆盖，以免发生冷缝。斜层坡度不超过 10°，否则在平仓振捣时易使砂浆流动、骨料分离，下层已捣实的混凝土也可能产生错动。浇筑块高度限制在 1.5 m 左右。

（3）台阶浇筑法

台阶浇筑法是从块体短边一端向另一端铺料，边前进、边加高，逐步向前推进并形成明显的台阶，直至把整个仓位浇到收仓高程。浇筑坝体迎水面仓位时，应顺坝轴线方向铺料。

3.平仓

平仓是把卸入仓内成堆的混凝土摊平到要求的均匀厚度。平仓不好会造成离析，使骨料架空，严重影响混凝土的质量。

（1）人工平仓

人工平仓用铁锹，平仓距离不超过 3 m。人工平仓的适用范围如下：

①在靠近模板和钢筋较密的地方，用人工平仓，使石子分布均匀。

②水平止水、止浆片底部要用人工送料填满，严禁料罐直接下料，以免止水、止浆片卷曲和底部混凝土架空。

③门槽、机组预埋件等空间狭小的二期混凝土。

④各种预埋件、观测设备周围用人工平仓，防止位移和损坏。

（2）振捣器平仓

振捣器平仓时，应将振捣器斜插入混凝土料堆下部，使混凝土向操作者位置移动，然后一次一次地插向料堆上部，直至混凝土摊平到规定的厚度为止。如将振捣器垂直插入料堆顶部，平仓工效固然较高，但易造成粗骨料沿堆体四周下滑，砂浆则集中在中间形成砂浆窝，影响混凝土匀质性。经过振动摊平的混凝土表面可能已经泛出砂浆，但内部并未完全捣实，切不可将平仓和振捣合二为一，影响浇筑质量。

4.振捣

振捣是振动捣实的简称，它是保证混凝土浇筑质量的关键工序。振捣的目的是尽可能减少混凝土中的空隙，以清除混凝土内部的孔洞，并使混凝土与模板、钢筋及预埋件紧密结合，从而保证混凝土的最大密实度，提高混凝土质量。

当结构钢筋较密，振捣器难以施工，或混凝土内有预埋件、观测设备，周围混凝土振捣力不宜过大时，采用人工振捣。人工振捣要求混凝土拌合物坍落度大于 5 cm，铺料层厚度小于 20 cm。

混凝土振捣主要采用振捣器进行，振捣器产生小振幅、高频率的振动，使混凝土在其振动的作用下，内摩擦力和黏结力大大降低，使干稠的混凝土获得了流动性，在重力的作用下骨料互相滑动而紧密排列，空隙由砂浆填满，空气被排出，从而使混凝土密实，并填满模板内部空间，且与钢筋紧密结合。

5.养护

混凝土浇筑完毕后，在一个相当长的时间内，应保持其适当的温度和足够的湿度，这就是混凝土的养护工作。混凝土表面水分不断蒸发，如不设法防止水分损失，水化作用未能充分进行，混凝土的强度受到影响，还可能产生干缩裂缝。因此，混凝土养护的目的，一是创造有利条件，使水泥充分水化，加速混凝土的硬化；二是防止混凝土成型后因曝晒、风吹、干燥等自然因素影响，出现不正常的收缩、裂缝等现象。混凝土的养护方法分为自然养护和热养护两类，养护时间取决于当地气温、水泥品种和结构物的重要性。

（三）混凝土施工质量控制

混凝土工程质量包括结构外观质量和内在质量，前者指结构的尺寸、位置、高程等，后者则指混凝土原材料、设计配合比、配料、拌和、运输、浇捣等方面。

1.原材料的控制检查

（1）水泥

水泥是混凝土主要胶凝材料，水泥质量直接影响混凝土的强度。运至工地的水泥应有生产厂家品质试验报告，工地试验室外必须进行复验，必要时还要进行化学分析。进场水泥每 200～400 t 同品种、同强度等级的水泥作为一取样单位，如不足 200 t 也可作为一取样单位。

（2）粉煤灰

每天至少检查一次粉煤灰的细度和需水量比。

（3）砂石骨料

在筛分场，每班检查一次骨料的超逊径和含泥量以及砂子的细度模数。

在拌和厂检查砂子、小石的含水量，砂子的细度模数以及骨料的含泥量和超逊径。

（4）外加剂

外加剂应有出厂合格证，并经试验认可。

（5）混凝土拌合物

拌制混凝土时，必须严格遵守试验室签发的配料单进行称量配料，严禁擅自更改。控制检查的项目有以下几个：

①衡器的准确性。经常检查各种称量设备，确保称量准确。

②拌和时间。每班至少抽查两次拌和时间，保证混凝土充分拌和，拌和时

间符合要求。

③拌合物的均匀性。混凝土拌合物应均匀，经常检查其均匀性。

④取样检查。按规定在现场取混凝土试样做抗压试验，检查混凝土的强度。

2.混凝土浇捣质量的控制检查

（1）混凝土质量检查内容

混凝土外观质量主要检查表面平整度（有表面平整要求的部位）、麻面、蜂窝、空洞、露筋、碰损掉角、表面裂缝等。重要工程还要检查内部质量缺陷，如用回弹仪检查混凝土表面强度、用超声仪检查裂缝、钻孔取芯检查各项力学指标等。

（2）混凝土质量缺陷及防治

①麻面

麻面是指混凝土表面呈现出无数绿豆大小的不规则的小凹点。

混凝土麻面产生的原因：模板表面粗糙、不平滑；浇筑前，没有在模板上洒水湿润，浇筑时，混凝土的水分被模板吸去；涂在钢模板上的油质脱模剂过厚，液体残留在模板上；使用旧模板，板面残浆清理不彻底；新拌混凝土浇灌入模后，停留时间过长，振捣时已有部分凝结；混凝土振捣不足，气泡未完全排出，有部分留在模板表面；模板拼缝漏浆，构件表面浆少，或成为凹点，或成为若断若续的凹线。

混凝土麻面的预防措施：模板表面应平滑；浇筑前，无论是哪种模型，均需浇水湿润，但不得积水；脱模剂涂擦要均匀，模板有凹陷时，注意将积水拭干；旧模板残浆必须清理干净；新拌混凝土必须按水泥或外加剂的性质，在初凝前振捣；尽量将气泡排出；浇筑前，先检查模板拼缝，对可能漏浆的缝，设法封嵌。

混凝土表面的麻点，如对结构无大影响，可不处理，如需处理，方法如下：用稀草酸溶液将该处脱模剂油点洗净，在修补前用水湿透；修补用的水泥品种必须与原混凝土一致，砂子为细砂，粒径最大不宜超过 1 mm；水泥砂浆配合比为 1∶（2～2.5），由于数量不多，可人工在小灰桶中拌匀，随拌随用；按照漆工刮腻子的方法，将砂浆用刮刀大力压入麻点内，随即刮平；修补完成后，用草帘或草席进行保湿养护。

②蜂窝

蜂窝是指混凝土表面无水泥浆，形成蜂窝状的孔洞，形状不规则，分布不均匀，露出石子深度大于 5 mm，不露主筋，但有时可能露箍筋。

混凝土蜂窝产生的原因：配合比不准确，砂浆少，石子多；搅拌用水过少；混凝土搅拌时间不足，新拌混凝土未拌匀；运输工具漏浆；使用干硬性混凝土，但振捣不足；模板漏浆，加上振捣过度。

混凝土蜂窝的预防方法：砂率不宜过小；定期检查计量器具；用水量如少于标准，应用减水剂；搅拌时间应足够；注意运输工具的完好性；捣振工具的性能必须与混凝土的坍落度相适应。

混凝土蜂窝如系小蜂窝，可按麻面修补方法修补。混凝土蜂窝如系较大蜂窝，按以下方法修补：将修补部分的软弱部分凿去，用高压水将基层冲洗干净；按照抹灰工的操作方法，用抹子将砂浆压入蜂窝内刮平；修补完成后，用草帘或草席进行保湿养护。

③混凝土露筋、空洞

主筋没有被混凝土包裹而外露，或在混凝土孔洞中外露的缺陷称为露筋。混凝土表面有超过保护层厚度，但不超过截面尺寸 1/3 的缺陷，称为空洞。

混凝土露筋、空洞的原因：漏放保护层垫块或垫块位移；浇灌混凝土时，投料距离过远，没有采取防止离析的有效措施；搅拌机卸料入吊斗或小车时，或运输过程中有离析，运至现场又未重新搅拌；钢筋较密集，粗骨料被卡在钢筋上，加上振捣不足或漏振；采用干硬性混凝土而又振捣不足。

混凝土露筋、空洞的预防措施：浇筑混凝土前，应检查垫块情况；采用合适的混凝土保护层垫块；浇筑高度不宜超过 2 m；浇灌前，检查吊斗或小车内混凝土有无离析；搅拌站要按配合比规定的规格使用粗骨料；如为较大构件，振捣时，安排专人在模板外用木槌敲打，协助振捣；构件的桩尖或桩顶、有抗剪筋的吊环等处钢筋较密，应特别注意捣实。

混凝土露筋、空洞的处理措施：将修补部位的软弱部分及突出部分凿去，上部向外倾斜，下部水平；用高压水将基层冲洗干净；修补前，用湿麻袋或湿棉纱头填满，使旧混凝土内表面充分湿润；修补用的水泥品种应与原混凝土的一致，小石混凝土强度等级应比原设计高一级；如条件许可，可用喷射混凝土修补；安装模板浇筑；混凝土可加微量膨胀剂；浇筑时，外部应比修补部位稍高；修补部分达到结构设计强度时，凿除外倾面。

二、碾压混凝土坝施工

（一）原材料及配合比

1.胶凝材料

碾压混凝土一般采用硅酸盐水泥或矿渣硅酸盐水泥，掺 30%～65% 的粉煤灰，胶凝材料用量一般为 120～160 kg/m^3。大体积建筑物内部，碾压混凝土胶凝材料用量不宜低于 130 kg/m^3，其中水泥熟料用量不宜低于 45 kg/m^3。

2.骨料

与常态混凝土一样，可采用天然骨料或人工骨料，骨料最大粒径一般为 80 mm，当迎水面用碾压混凝土自身作为防渗体时，一般在一定宽度范围内采用二级配碾压混凝土。碾压混凝土对砂的含水量的要求比常态混凝土严格，当砂的含水量不稳定时，碾压混凝土施工层面易出现局部集中泌水现象。

3.外加剂

碾压混凝土一般应掺用缓凝减水剂，并掺用引气剂，增强抗冻性。

4.碾压混凝土配合比

碾压混凝土配合比应满足施工工艺要求，具体包括以下内容：①混凝土质量均匀，施工过程中粗骨料不易发生离析；②工作度适当，拌合物较易碾压密实，混凝土容重较大；③拌合物初凝时间较长，易于保证碾压混凝土施工层面的黏结，层面物理力学性能好；④混凝土的力学强度、抗渗性能等满足设计要求，具有较强的拉伸应变能力；⑤对于外部碾压混凝土，要求其具有适应建筑物环境条件的耐久性；⑥碾压混凝土配合比经现场试验后确定。

（二）碾压混凝土施工

1.碾压混凝土浇筑上升方式的确定

以美国和日本为代表，形成两种不同的碾压混凝土浇筑上升方式。采用美国式的碾压混凝土施工时，一般不分纵、横缝（必要时可设少量横缝），采用大仓面通仓浇筑，压实层一般厚 30 cm。对于水平接缝的处理，许多坝以成熟度（气温与层面停歇时间的乘积）作为判断标准，在成熟度超过 200～260℃·h 时，对层面采取刷毛、铺砂浆等措施处理，否则仅对层面稍做清理。实际上，层面一般只需要清除松散物，在碾压混凝土尚处于塑性状态时，浇筑上一层碾压混凝土，因而施工速度快、造价低，也利于层面结合。日本式的碾压混凝土坝施工，用振动切缝机切出与常态混凝土坝相同的横缝，碾压混凝土压实层厚为 50～75 cm，甚至达到 100 cm，每层混凝土分几块薄层平仓，平仓层厚为 15～25 cm，一次碾压。每层混凝土浇筑后，停歇 3～5 d，层面冲刷毛铺砂浆，因而混凝土水平施工缝面质量良好，但施工速度较慢。

2.碾压混凝土浇筑时间的确定

碾压混凝土采用一定升程内通仓薄层连续浇筑上升，连续浇筑层层面间歇 6～8 h，高温季节浇筑碾压混凝土时，预冷碾压混凝土在仓面的温度回升大。另外，碾压混凝土用水量少，拌制预冷混凝土时加冰量少，高温季节出机口温度难以达到 7℃，因而，高温季节对碾压混凝土进行预冷的效果不如常态混凝土。经计算分析，高温季节浇筑基础约束区混凝土温度将超过坝体设计允许最高温度，因而可能产生危害性裂缝。

另外，高温季节浇筑碾压混凝土时，混凝土初凝时间短，表层混凝土水分蒸发量大，压实困难，层面胶结差，从而使本为碾压混凝土薄弱环节的层面结合更难保证施工质量。

综上所述，为确保大坝碾压混凝土质量，高温季节不宜浇筑碾压混凝土，根据已建工程施工经验，在日均气温超过25℃时，不宜浇筑碾压混凝土。三峡工程在技术设计阶段，研究大坝采用碾压混凝土的可行性时，确定碾压混凝土仅在低温季节浇筑下部大体积混凝土时采用，气温较高时改用常态混凝土浇筑。此外，左导墙碾压混凝土浇筑也规定在10月下旬至次年4月上旬进行，其余时间停浇。

3.碾压混凝土拌和及运输

碾压混凝土一般采用强制式或自落式搅拌机拌和，其拌和时间一般比常态混凝土延长30 s左右，故而生产碾压混凝土时，拌和楼生产率比常态混凝土低10%左右。碾压混凝土运输一般采用自卸汽车、皮带机、真空溜槽等方式，也可采用坝头斜坡道转运混凝土。

4.平仓及碾压

碾压混凝土浇筑时，一般按条带摊铺，铺料条带宽根据施工强度确定，一般为4～12 m，铺料厚度为35 cm，压实后为30 cm，铺料后，常用平仓机或平履带的大型推土机平仓。为解决一次摊铺产生骨料分离的问题，可采用二次摊铺，即先摊铺下半层，然后在其上卸料，最后摊铺成35 cm的层厚。采用二次摊铺后，对料堆之间及周边集中的骨料经平仓机反复推刮后，能有效分散，再辅以人工分散处理，可改善自卸汽车铺料引起的骨料分离问题。

一个条带平仓完成后立即开始碾压，振动碾一般选用自重大于10 t的大型双滚筒自行式振动碾，作业时行走速度为1～1.5 km/h，碾压遍数通过现场试碾确定，一般为无振2遍＋有振6～8遍。碾压条带间搭接宽度大于20 cm，端头部位搭接宽度大于100～150 cm。条带从铺筑到碾压完成时间控制在2 h左右。边角部位采用小型振动碾压实。碾压作业完成后，用核子密度仪检测其容重，达到设计要求后，进行下一层碾压作业；若未达到设计要求，立即重碾，直到满足设计要求为止。模板周边无法碾压部位一般可加注与碾压混凝土相同水灰比的水泥浓浆后，用插入式振捣器振捣密实。

5.造缝

碾压混凝土一般采取几个坝段形成的大仓面通仓连续浇筑上升，坝段之间的横缝，一般可采取切缝机切缝（缝内填设金属片或其他材料）、埋设隔板或钻孔填砂形成，或采用其他方式设置诱导缝。切缝机切缝时，可采取先切后碾或先碾后切，成缝面积不少于设计缝面的60%。埋设隔板造缝时，相邻隔板间隔不大于 10 cm，隔板高度宜比压实厚度低 2～3 cm。钻孔填砂造缝则是待碾压混凝土浇筑完一个升程后沿分缝线用手风钻造诱导孔。

6.施工缝处理

施工缝一般在混凝土收仓后 10 h 左右用压力水冲毛，清除混凝土表面的浮浆，以露出粗砂粒和小石为准。

施工过程中，因故中止或其他原因造成层面间歇时间超过设计允许间歇时间，视间歇时间的长短采取不同的处理方法。对于间歇时间较短、碾压混凝土未终凝的施工缝面，可采取将层面松散物和积水清除干净，铺一层 2～3 cm 厚的砂浆，继续进行下一层碾压混凝土摊铺、碾压作业；对于已经终凝的碾压混凝土施工缝，一般按正常工作缝处理。

第一层碾压混凝土摊铺前，砂浆铺设随碾压混凝土铺料进行，不得超前，保证在砂浆初凝前完成碾压混凝土的铺筑。碾压混凝土层面铺设的砂浆应有一定坍落度。

7.模板

规则表面采用组合钢模板，不规则表面一般采用木模板或散装钢模板。为便于碾压混凝土压实，模板一般用悬臂模板，可用水平拉条固定。对于连续浇筑上升的坝体，应特别注意水平拉条的牢固性。

（三）碾压混凝土温度控制

1.碾压混凝土温度控制标准

由于碾压混凝土胶凝材料用量少，极限拉伸值比常态混凝土小，其自身抗裂能力比常态混凝土差，因此，其温差标准比常态混凝土严。对于外部无常态混凝土或侧面施工期暴露的碾压混凝土浇筑块，其内外温差控制标准一般在常态混凝土的基础上加 2～3℃。

2.碾压混凝土温度计算

由于碾压混凝土采用通仓薄层连续浇筑上升，混凝土内部最高温度一般采用差分法或有限元法进行仿真计算。计算时，每一碾压层内竖直方向设置三层计算点，水平方向则根据计算机容量设置不同数量的计算点。

3.冷却水管埋设

碾压混凝土一般采取通仓浇筑的方法，且为保证层间胶结质量，一般安排在低温季节浇筑，不需要埋设冷却水管。但对于设有横缝且需进行接缝灌浆，或气温较高，混凝土最高温度不能满足要求时，也可埋设水管进行初、中、后期通水冷却。三峡工程在碾压混凝土纵向围堰及纵堰坝身段下部碾压混凝土中均埋设冷却水管。施工时，冷却水管一般布设在混凝土面上，水管间距为 2 m，开始挖槽埋设，此法费工、费时，效果也不佳。之后，改在施工缝面上直接铺设，用钢筋或铁丝固定间距，开仓时，用砂浆包裹，推土机入仓时，先用混凝土做垫层，避免履带压坏水管。

第五节　水利水电工程
水闸与泵站工程施工

一、水闸工程施工

水闸是一种利用闸门挡水和泄水的低水头水工建筑物，多建于河道、渠系及水库、湖泊岸边。关闭闸门，可以拦洪、挡潮、抬高水位以满足上游引水和通航的需要；开启闸门，可以泄洪、排涝、冲沙或根据下游用水需要调节流量。

（一）水闸的类型

1.按其承担任务分

水闸按其承担的任务可分为六种。

（1）节制闸

在渠道上建造节制闸，枯水期用以抬高水位以满足上游引水或航运的需要；洪水期可控制下泄流量，保证下游河道安全或根据下游用水需要调节放水流量。位于河道上的节制闸也称为拦河闸。

（2）进水闸

进水闸建在河道、水库或湖泊的岸边，用来控制引水流量，以满足灌溉、发电或供水的需要。进水闸，又称取水闸或渠首闸。

（3）分洪闸

分洪闸常建于河道的一侧，用来将超过下游河道安全泄量的洪水泄入分洪区（蓄洪区或滞洪区）或分洪道。

（4）排水闸

排水闸常建于江河沿岸排水渠道末端，用来排除河道两岸低洼地区的涝渍水。当河道内水位上涨时，为防止河水倒灌，需要关闭排水闸闸门。

（5）挡潮闸

挡潮闸建在入海河口附近，涨潮时关闸，防止海水倒灌，退潮时开闸泄水，具有双向挡水的特点。

（6）冲沙闸（排沙闸）

冲沙闸（排沙闸）建在多泥沙的河流上，用于排除进水闸、节制闸前或渠系中沉积的泥沙，减少引水水流的含沙量，防止渠道和闸前河道淤积。冲沙闸常建在进水闸一侧的河道上，与节制闸并排布置或设在引水渠内的进水闸旁。

2.按闸室结构分

水闸按闸室结构可分为开敞式、胸墙式及涵洞式等。有泄洪、排冰要求的水闸，如节制闸、分洪闸大都采用开敞式；胸墙式一般用于上游水位变幅较大、在高水位时尚需用闸门控制流量的水闸，如进水闸、排水闸、挡潮闸；涵洞式水闸多用于穿堤取水或排水。

（二）水闸的组成

水闸一般由上游连接段、闸室段及下游连接段三部分组成。

1.上游连接段

上游连接段的作用是引导水流平顺、均匀地进入闸室，避免对闸前河床及两岸产生有害冲刷，减少闸基或两岸渗流对水闸的不利影响。上游连接段一般由铺盖、上游翼墙、上游护底、防冲槽或防冲齿墙及两岸护坡等部分组成。铺盖紧靠闸室底板，主要起防渗、防冲作用；上游翼墙的作用是引导水流平顺地进入闸孔及侧向防渗、防冲和挡土；上游护底、防冲槽及两岸护坡是用来防止进闸水流冲刷河床、破坏铺盖，保护两侧岸坡的。

2.闸室段

闸室段是水闸的主体部分，起挡水和调节水流作用，包括底板、闸墩、闸门、胸墙、工作桥和交通桥等。底板是水闸闸室基础，承受闸室全部荷载并较均匀地传给地基，兼起防渗和防冲作用，同时闸室的稳定主要由底板与地基间的摩擦力来维持；闸墩的主要作用是分隔闸孔，支撑闸门，承受和传递上部结构荷载；闸门则用于控制水位和调节流量；工作桥和交通桥用于安装启闭设备、操作闸门和联系两岸交通。

3.下游连接段

下游连接段的作用是消能、防冲及安全排出流经闸基和两岸的渗流。下游连接段一般包括消力池、海漫、下游防冲槽、下游翼墙及两岸护坡等。消力池主要用来消能，兼有防冲作用；海漫的作用是继续消除水流余能，扩散水流，调整流速分布，防止河床产生冲刷破坏；下游防冲槽是用来防止下游河床冲坑继续向上游发展的防冲加固措施；下游翼墙则是用来引导过闸水流均匀扩散，保护两岸免受冲刷；两岸护坡是用来保护岸坡，防止水流冲刷。

（三）水闸设计

1.设计标准

水闸管护范围为水闸工程各组成部分和下游防冲槽以下 100 m 的渠道及渠堤坡脚外 25 m。若现状管理范围大于以上范围，则维持现状不变。水闸建设与加固应为管理单位创造必要的生活、工作条件，主要包括管理场所的生产、生活设施和庭院建设，标准如下。

办公用房按定员编制人数，人均建筑面积 9～12 m²；办公辅助用房（调度、计算、通信、资料室等）按使用功能和管理操作要求确定建筑面积；生产和辅助生产的车间、仓库、车库等应根据生产能力、仓储规模和防汛任务等确定建筑面积。

职工宿舍、文化福利设施（包括食堂、文化室等）按定员编制人数人均 35～

$37 m^2$ 确定。管理单位庭院的围墙、院内道路、照明、绿化等，应根据规划建筑布局，确定其场地面积；生产、生活区的人均绿化面积不少于 $5 m^2$，人均公共绿化面积不少于 $10 m^2$。

应在城镇建立后方基地的闸管单位，前、后方建房面积应统筹安排，可适当增加建筑面积和占地面积。对靠近城郊和游览区的水闸管理单位，应结合当地旅游生态环境建设特点进行绿化。堤防、水闸、河道整治工程的各种碑、牌、桩及其规格、选材、字体、颜色等按照相关规定确定。

2.闸址选择

根据水闸的功能、特点和运用要求，综合考虑地形、地质、水流、潮汐、泥沙、冻土、冰情、施工、管理、周围环境等因素选定闸址。

闸址应选择在地形开阔、岸坡稳定、岩土坚实和地下水水位较低的地点。闸址应优先选用地质条件良好的天然地基，避免采用人工处理地基。

节制闸或泄洪闸宜建在河道顺直、河势相对稳定的河段上，经技术经济比较后也可建在弯曲河段裁弯取直的新开河道上。

进水闸、分水闸或分洪闸宜建在河岸基本稳定的顺直河段或弯道凹岸顶点稍偏下游处，但分洪闸不宜建在险工堤段和被保护重要城镇的下游堤段。

排水闸（排涝闸）或泄水闸（退水闸）宜建在地势低洼、出水通畅处。挡潮闸宜建在岸线和岸坡稳定的潮汐河口附近，且闸址泓滩冲淤变化较小、上游河道有足够的蓄水容积的地点。

若在多支流汇合口下游河道上建闸，选定的闸址与汇合口之间宜有一定的距离。若在平原河网地区交叉河口附近建闸，选定的闸址宜在距离交叉河口较远处。

选择闸址应考虑材料来源、对外交通、施工导流、场地布置、基坑排水、施工水电供应等条件。选择闸址应考虑水闸建成后工程管理维修和防汛抢险等条件。选择闸址还应考虑下列要求：①占用农地及拆迁房屋少；②尽量利用周围已有公路、航运、动力、通信等公用设施；③有利于绿化、净化、美化环境和生态环境保护；④有利于开展综合经营。

3.总体布置

（1）枢纽布置

水闸枢纽布置应根据闸址地形、地质、水流等条件，以及该枢纽中各建筑物的功能、特点、运用要求等，合理安排好水闸与枢纽其他建筑物的相对位置，做到紧凑合理、协调美观，组成整体效益最大的有机联合体，以充分发挥水闸枢纽工程的作用。

节制闸或泄洪闸的轴线宜与河道中心线正交。一般要求节制闸或泄洪闸上下游河道直线段长度不宜小于 5 倍水闸进口处水面宽度。位于弯曲河段的泄洪闸，宜将其布置在河道深泓部位，以保证其通畅泄洪。

进水闸或分水闸的中心线与河道中心线的交角不宜超过 30°，其上游引河长度不宜过长；排水闸或泄水闸的中心线与河道中心线的交角不宜超过 60°，其下游引河宜短而直，下游引河轴线方向宜避开建闸地区的常年大风向。水流流态复杂的大型水闸枢纽布置，应经水工模型试验验证。模型试验范围应包括水闸上下游可能产生冲淤的河段。

（2）闸室布置

水闸闸室布置，应根据水闸挡水、泄水条件和运行要求，综合考虑地形、地质等因素，做到结构安全可靠，布置紧凑合理，施工方便，运用灵活，经济美观。

①闸室结构

闸室结构可根据泄流特点和运行要求，选用开敞式、胸墙式、涵洞式或双层式等结构形式。整个闸室结构的重心应尽可能与闸室底板中心相连接，且位于偏高水位一侧。

②闸顶高程

闸顶高程应根据挡水和泄水两种运用情况确定。挡水时，闸顶高程不应低于水闸正常蓄水位（或最高挡水位）加波浪计算高度与相应安全超高值之和；

泄水时，闸顶高程不应低于设计洪水位（或校核洪水位）与相应安全超高值之和。位于防洪（挡潮）堤上的水闸，其闸顶高程不得低于防洪（挡潮）堤堤顶高程。

闸顶高程的确定，还应该考虑下列因素：①软弱地基上闸基沉降的影响；②多泥沙河流上下游河道变化引起水位升高或降低的影响；③防洪（挡潮）堤上水闸两侧堤顶可能加高的影响等。

（3）防渗排水布置

关闸蓄水时，上下游水位差对闸室产生水平推力，且在闸基和两岸产生渗流。渗流既对闸基底和边墙产生渗透压力，不利于闸室和边墙的稳定性，又可能引起闸基和岸坡土体的渗透变形，直接危及水闸的安全，故须进行防渗排水设计。水闸防渗排水布置应根据闸基地质条件和水闸上下游水位差等因素，结合闸室、消能防冲和两岸连接布置进行综合分析确定。

（4）消能防冲布置

开闸泄洪时，出闸水流具有很大的动能，需要采取有效的消能防冲措施，削减对下游河床的有害冲刷，保证水闸的安全。如果上游流速过大，亦可导致对河床与水闸连接处的冲刷，上游亦应设计防护措施。水闸消能防冲布置应根据闸基地质情况、水力条件以及闸门控制运用方式等因素综合确定。

水闸闸下宜采用底流式消能，其消能设施的布置形式应经技术经济比较后确定；水闸上下游护坡和上游护底工程布置应根据水流流态、河床土质抗冲能力等因素确定；护坡长度应大于护底（海漫）长度；护坡、护底下面均应设垫层；必要时，上游护底首端宜增设防冲槽（防冲墙）。

（5）两岸连接布置

水闸两岸连接应保证岸坡稳定，改善水闸进、出水流的条件，提高泄流能力和消能防冲效果，满足侧向防渗需要，减轻闸室底板边荷载影响且有利于环境绿化等。两岸连接布置应与闸室布置相适应。

水闸两岸连接宜采用直墙式结构；当水闸上下游水位差不大时，也可采用斜坡式结构。在坚实的地基上，岸墙和翼墙可采用重力式或扶壁式结构；在松软的地基上，岸墙和翼墙宜采用空箱式结构。

当闸室两侧需要设置岸墙时，若闸室在闸墩中间设缝分段，岸墙宜与边闸墩分开；若闸室在闸底板上设缝分段，岸墙可兼作边闸墩并可做成空箱式。

水闸的过闸单宽流量应根据下游河床地质条件、上下游水位差、下游尾水深度、闸室总宽度与河道宽度的比值、闸的构造特点和下游消能防冲设施等因素确定。水闸的过闸水位差应根据上游淹没影响、允许的过闸单宽流量和水闸工程造价等因素综合比较确定。

4.观测设计

水闸的观测设计应包括以下内容：①设置观测项目；②布置观测设施；③拟定观测方法；④提出整理分析观测资料的技术要求。

水闸应根据其工程规模、等级、地基条件、工程施工和运用条件等因素设置一般性观测项目，并根据需要有针对性地设置专门性观测项目。

水闸的一般性观测项目应包括：水位、流量、沉降、水平位移、扬压力、闸下流态、冲刷、淤积等。

水闸的专门性观测项目主要有永久缝、结构应力、地基反力、墙后土压力、冰凌等。

当发现水闸产生裂缝后，应及时检查。对沿海地区或附近有污染源的水闸，还应经常检查混凝土碳化和钢结构锈蚀情况。

水闸观测设施的布置应符合下列要求：①全面反映水闸工程的工作状况；②观测方便；③有良好的交通和照明条件；④有必要的保护设施。

水闸的上下游水位可通过设自动水位计或水位标尺进行观测。测点应设在水闸上下游水流平顺、水面平稳、受风浪和泄流影响较小处。

水闸的过闸流量可通过水位观测，根据闸址处定期的水位—流量关系曲线推求。对于大型水闸，必要时可在适当地点设置测流断面进行观测。

水闸的沉降可通过埋设沉降标点进行观测。测点可布置在闸墩、岸墙、翼墙顶部的端点和中点。工程施工期可先埋设在底板面层，在工程竣工后，放水前再引接到上述结构的顶部。

第一次的沉降观测应在标点埋设后及时进行，然后根据施工期不同荷载阶段按时观测。在工程竣工放水前、后应立即对沉降分别观测一次，以后再根据工程运用情况定期观测，直至沉降稳定时为止。

水闸的水平位移可通过沉降标点进行观测。水平位移测点宜设在已设置的视准线上，且宜与沉降测点共用同一标点。水平位移应在工程竣工前、后立即分别观测一次，以后再根据工程运行情况不定期进行观测。

测点的数量及位置应根据闸的结构、闸基轮廓线形状和地质条件等因素确定，并以能测出闸底扬压力的分布及其变化为原则。测点可布置在地下轮廓线有代表性的转折处。测压断面不应少于 2 个，每个断面上的测点不应少于 3 个。对于侧向绕流的观测，可在岸墙和翼墙填土侧布置测点。扬压力观测的时间和次数应根据闸的上下游水位变化情况确定。

水闸闸下流态及冲刷、淤积情况可通过在闸的上下游设置固定断面进行观测。有条件时，应定期进行水下地形测量。水闸的专门性观测的测点布置及观测要求应根据工程具体情况确定。在水闸运行期间，如发现异常情况，应有针对性地对某些观测项目加强观测。对于重要的大型水闸，可采用自动化观测手段。水闸的观测设计应对观测资料的整理分析提出技术要求。

（四）水闸施工的内容

水闸施工的内容：①导流工程与基坑排水；②基坑开挖与基础处理；③闸室段底板、闸墩、边墩、胸墙、交通桥、工作桥施工；④上下游连接段的铺盖及护坦、海漫、防冲槽的施工；⑤两岸的上下游翼墙和刺墙以及上下游护坡的施工；⑥闸门和启闭设备的安装。

（五）闸室基础施工和闸墩施工

1.闸室基础的施工

在闸室地基处理完毕后，软土基上应先铺筑厚度为 8～10 cm 的素混凝土垫层，以保护地基、找平基面。在基础混凝土正式浇筑前，应进行绑扎钢筋、安装模板、搭设仓面脚手架和清理仓面工作。

闸室基础在水闸的最底部，在浇筑底板混凝土时，应特别注意选择正确的入仓方式，确保混凝土拌合物的均质性。运送混凝土入仓的方法很多，既可以用载重汽车装载立罐通过起重机吊运入仓，也可以用自卸汽车通过卧罐、起重机入仓。采用以上两种方法入仓时，都不需要在仓面搭设脚手架。如果采用手推车、斗车或机动翻斗车等运输工具运送混凝土入仓，则必须在仓面搭设脚手架，以便使混凝土运送到需要浇筑的地点。

底板的上下游一般设有齿墙。浇筑混凝土时，可组成两个作业组分层进行浇筑。先由两个作业组共同浇筑下游齿墙，待齿墙浇筑平后，第一组由下游向上游进行，抽出第二组去浇筑上游齿墙。当第一组浇到底板的中部时，第二组的上游齿墙已基本浇平，然后，将第二组转到下游开始浇筑第二层混凝土。当第二组浇到底板的中部时，第一组已到达上游底板的边缘，第一组再转回到下游开始浇筑第三层混凝土。

水闸闸室部分重量很大，沉陷量必然也大；而相邻的消力池，则重量较轻，沉陷量自然也小。如果两者同时浇筑，由于沉陷量有较大差异，必然会造成沉陷缝的较大差异，可能将止水片撕裂而使止水失效。为避免以上缺陷的出现，应按照"先重后轻"的原则，先浇筑闸室部分，让其充分沉陷一段时间，然后浇筑消力池。

2.水闸闸墩的施工

水闸闸墩具有高度大、厚度小、门槽处钢筋稠密、位置要求严格、垂直度要求精确等特点。因此，如何根据其特点进行施工，是闸墩施工中重点要解决的技术问题。实践证明，闸墩施工的难点是安装模板和浇筑混凝土。

（1）安装模板

为使闸墩混凝土能一次浇筑达到设计高程，确保闸墩的整体性，其模板应具有足够的强度和刚度。因此，闸墩模板可采用以下两种安装方式：对于中小型闸墩，宜采用"铁板螺栓、对拉撑木"的立模支撑方法，这种方法虽然用材料较多、工序繁杂，但施工比较方便；对于高大的闸墩，可以采用液压滑模的方法，既节省大量材料，又能加快施工进度，保证施工质量。

（2）浇筑混凝土

闸墩模板安装完毕，经检查合格后，随即进行清仓工作，用压力水冲洗模板内侧和闸墩底面，将污水从底层模板的预留孔中排出。清仓完毕，堵塞排水孔，便于浇筑混凝土。

闸墩混凝土的浇筑，主要应解决好两个问题：一是每块底板上的闸墩混凝土应均衡上升；二是流态混凝土的入仓及仓内混凝土的铺筑。

为了保证混凝土浇筑能够均衡上升，运送混凝土入仓时，应做好调度和组织工作，使在同一时间运到同一底板各闸墩的混凝土方量大致相同。

为防止流态混凝土由 8～10 m 高度自由下落时产生离析，应在仓内设置溜管，可每隔 2～3 m 设置一组。由于闸墩宽度不大，仓内工作面狭窄，浇捣人员走动困难，可把仓内浇筑面分为几个区段，每个区段固定浇捣工人，这样可以明确职责、提高工效、互不干扰。

为确保混凝土振捣密实，混凝土应分层进行浇捣，每层的厚度应根据所用的振捣器而确定，一般可控制在 30 cm 左右。

（六）水闸门槽的二期混凝土施工

采用平面闸门的中小型水闸，在闸墩部位均要设置门槽。为了减少闸门的启闭力，门槽部分的混凝土中埋有导轨等铁件，如滑动导轨、反轮导轨等。这些铁件的埋设可采取预埋或预留槽后浇两种方法。

小型水闸的导轨铁件较小，可在闸墩立模时，将其预先固定在模板的内侧，进行闸墩混凝土浇筑时，导轨等铁件即浇筑于混凝土中。

由于大中型水闸导轨较大且笨重，在模板上固定比较困难，宜采用预留槽后浇二期混凝土的施工方法。关键问题是如何控制门槽的垂直度，怎样进行二期混凝土的浇筑。

1.门槽垂直度的控制

门槽垂直度的控制是二期混凝土导轨埋设的核心，门槽及导轨的垂直度必须符合设计的要求，在立模及浇筑混凝土的过程中，应随时用吊锤或仪器校正。采用吊锤校正时，可在门槽模板顶端内侧，将一根大铁钉钉入长度的 2/3，然后，把吊锤系在铁钉端部，待吊锤不再摆动后，用钢尺量取上部与下部吊锤线到模板内侧的距离，如上下距离相等则模板垂直，否则按偏斜方向予以调整。

2.门槽二期混凝土的浇筑

在闸墩立模时，在门槽部位应留出比门槽尺寸大的凹槽。闸墩浇筑时，预先将导轨的基础螺栓按设计要求固定在凹槽的侧壁及正壁模板上，模板拆除后，基础螺栓即埋入混凝土中。导轨安装前，要对基础螺栓进行校正，安装过程中必须随时用垂球进行校正，确保其垂直度无误。导轨就位后，即可立模浇筑二期混凝土。

浇筑二期混凝土时，应采用细骨料混凝土，认真捣固，不要振动已装好的金属构件。当门槽较高时，不要直接从高处下料，而应采取分段安装和浇筑的方法。二期混凝土达到规定的强度拆模后，对埋件进行复测并做好复测记录，同时，检查混凝土表面尺寸，清除遗留的杂物、钢筋头，以免影响闸门的启闭。

二、泵站工程施工

（一）泵站的类型与工作原理

1.泵站的类型

根据用途，泵站可分为灌溉泵站、排水泵站、供水泵站和发电泵站等。灌溉泵站主要用于农田灌溉，排水泵站主要用于排除积水，供水泵站负责将水源输送到供水系统，发电泵站则利用水能发电。

根据结构形式，泵站可分为立式泵站、卧式泵站和斜式泵站等。立式泵站的水泵轴线垂直于地面，占地面积小，适用于空间受限的场合；卧式泵站的水泵轴线平行于地面，安装维护较为方便；斜式泵站则结合了前两者的优点，可根据实际需要进行调整。

根据动力来源，泵站可分为电力泵站、水力泵站和风力泵站等。电力泵站利用电动机驱动水泵工作，运行稳定可靠；水力泵站则利用水能驱动水轮机转动，进而带动水泵工作；风力泵站则利用风力驱动水泵工作，是一种环保节能的泵站。

2.泵站的工作原理

不同类型泵站的工作原理基本相同，都是通过水泵将水流从低处提升至高处。水泵是泵站的核心设备，当水泵的叶轮旋转时，叶片对水流产生作用力，使水流获得能量并沿着叶片的导向流动。同时，由于叶轮的旋转，水流在泵壳内形成一定的压力差，从而推动水流从进口流向出口。

（二）泵站的施工步骤

1.泵站设备安装

（1）设备检查

泵站设备安装的首要步骤是对设备进行检查。这一环节的重要性不言而喻，它直接关系到后续工作的顺利进行。首先，要对设备的型号、规格进行核对，确保其与泵站设计要求相符。其次，要对设备的完好性进行检查，包括设备外观、内部结构、零部件等方面，确保设备在运输过程中没有损坏。

（2）设备基础施工

设备基础施工是泵站设备安装的关键环节之一。它包括基础的挖掘、平整、浇筑和养护等多个步骤。首先，进行基础的挖掘工作。在挖掘过程中，要注意挖掘深度和宽度，确保基础的尺寸和位置符合设计要求。挖掘完成后，需要对基础进行平整处理，清除基础表面的杂物和浮土，为后续的浇筑工作做好准备。接下来是基础的浇筑工作。在浇筑前，要对基础进行湿润处理，以提高混凝土的黏结力。然后，按照设计要求进行混凝土的浇筑，注意控制浇筑速度和振捣力度，确保混凝土的密实性和均匀性。浇筑完成后，还需要进行基础的养护工作，通过洒水、覆盖等方式保持基础的湿润状态，防止混凝土干裂。同时，还要定期检查基础的状况，及时处理可能出现的裂缝、空鼓等问题。设备基础施工质量直接关系到设备的稳定性和安全性，因此，在施工过程中要严格遵循施工规范和技术要求。

（3）设备吊装与定位

吊装设备的选择应根据设备的重量、尺寸和安装位置来确定。常见的吊装设备包括起重机、吊车等，而吊装方法则可根据实际情况选择单点吊装、多点吊装等方式。在吊装过程中，应严格控制起吊速度，避免过快或过慢导致设备晃动。同时，吊装人员应具备丰富的操作经验，能够准确判断设备的重心和平衡点，确保设备在空中的稳定性。此外，为确保设备定位的准确性，需在吊装前进行精确的测量和标记，确定设备的安装位置。

（4）设备固定与连接

设备固定与连接是泵站设备安装的最后环节，也是设备稳定运行的重要保障。在固定设备时，安装人员通常使用地脚螺栓或其他固定件将设备与基础牢固连接。固定前，需对基础进行检查，确保基础表面平整、无杂物，并根据设计要求在基础上预留出地脚螺栓孔或固定件安装位置。在固定过程中，应严格按照设计要求进行，确保地脚螺栓或固定件的安装位置符合要求。连接前，需对管线、电缆进行检查，确保其质量合格。连接过程中，应严格按照相关标准和规范进行，确保连接牢固。

2.管道连接

（1）管道材料选择与检验

根据泵站的设计要求，选择合适的管道材料至关重要。常见的管道材料包括钢管、铸铁管、塑料管等，每种材料都有其独特的性能和适用范围。选择材料时，应充分考虑其耐腐蚀性、耐磨性等因素。此外，还需要对材料进行质量检验，只有符合要求的材料才能用于泵站管道施工。

（2）管道预制与加工

在预制阶段，需要根据施工图纸和现场实际情况，对管道进行切割、焊接、打磨等预处理。切割时，应确保管道切口平整、无毛刺。焊接时，应选择合适的焊接方法，确保焊缝质量符合要求。打磨则是为了去除焊接过程中产生的氧化物和飞溅物，使管道表面更加光滑。在加工阶段，需要制作连接件，连接件的质量直接影响管道连接的紧密性和稳定性。

（3）管道安装与固定

安装前，需要对管道进行检查，确保管道内部无杂物。然后，按照施工图纸安装管道。固定管道需要使用固定件，防止管道移动。

（4）管道密封与防腐

管道连接处的密封处理是防止管道泄漏的关键措施。在连接完成后，需要对连接处进行密封处理，以确保管道的密封性。在选择密封材料时，应考虑其耐腐蚀性、耐老化性等因素，确保密封效果持久可靠。

此外，为了防止管道在使用过程中受到腐蚀，还需要对管道进行防腐处理。防腐处理的方法有多种，如涂覆防腐涂料、设置阴极保护等，这些措施可以有效延长管道的使用寿命，提高泵站的运行效益。

3.调试运行

泵站施工完成后，为确保其能够安全、稳定、高效地运行，调试运行环节至关重要。

（1）电气系统调试

电气系统作为泵站的核心组成部分，其调试工作至关重要。首先，需要对电气设备的接线进行全面检查，确保接线正确、牢固，无松动、脱落现象。其次，检查电气设备的绝缘性能，确保设备在运行过程中不会因绝缘不良而引发安全事故。

在接线与绝缘性能检查无误后，进行设备单体试运行。单体试运行是指对每个电气设备进行单独测试，以检查其性能是否符合设计要求。在单体试运行正常后，再进行联动试运行。联动试运行是指将多个电气设备连接在一起进行联合测试，以检查设备之间的协调性和配合度。

电气系统调试应严格按照操作规程进行，确保调试过程的安全性和可靠性，同时，调试人员应具备丰富的电气知识和实践经验，能够准确判断和处理调试过程中出现的问题。

（2）水力系统调试

水力系统是泵站实现水流输送的关键部分。在水力系统调试过程中，首先需要对水力设备的安装与连接情况进行全面检查，检查内容包括设备的安装位置、固定方式、连接管道的密封性等，确保设备安装牢固、管道连接紧密。在设备检查无误后，进行水力系统的充水、排气及试运行。充水过程中应注意控制水流速度和水位高度，避免对设备造成冲击。排气则是为了排除系统中的空气，确保设备在运行时能够顺畅地输送水流。在试运行阶段，调试人员应逐步增加设备的运行负荷，观察设备的运行情况，确保设备能够正常运行。

（3）控制系统调试

控制系统是泵站实现自动化运行的重要部分。在调试过程中，首先需要对控制系统的逻辑和参数设置进行调试。逻辑调试主要是检查控制程序的正确性和完整性，确保控制程序能够按照设计要求执行相应的控制动作。参数设置调试则是对控制参数进行调整，使控制系统能够更好地适应设备的运行需求。在逻辑和参数设置调试完成后，进行远程监控的调试。通过远程监控系统实时观察设备的运行状态，确保系统能够准确反映设备的实际运行情况。

第六节　水利水电工程堤防及护岸工程施工

堤防工程包括土石料场选择与土石料挖运、堤基处理、堤身施工、防渗工程施工、防护工程施工、堤防加固与扩建等内容。

护岸工程既包括用混凝土、块石或其他材料做成的直接（连续性的）护岸工程，也包括用丁坝等建筑物改变和调整河槽的间接（非连续性的）护岸工程。

一、堤防工程施工

（一）土料选择

土料选择，一方面，满足防渗要求；另一方面，应就地取材，因地制宜。

开工前，应根据设计要求、土质、天然含水量、运距及开采条件等因素选择取料区。

均质土堤宜选用中壤土、亚黏土等；铺盖、心墙、斜墙等防渗体，宜选用黏性较大的土。

淤泥土、杂质土、冻土块、膨胀土、分散性黏土等特殊土料，一般不宜用于填筑堤身。

（二）土料开采

1.地表清理

地表清理包括清除表层杂质和耕作土、植物根系及表层稀软淤土。

2.排水

土料场排水应采取"截排结合，以截为主"的措施。对于地表水应在采料高程以上修筑截水沟加以拦截。对于流入开采范围的地表水应挖纵横排水沟迅速排除。在开挖过程中，应保持地下水位在开挖面 0.5 m 以下。

3.常用挖运设备

堤防施工是挖、装、运、填的综合作业。开挖与运输是施工的关键工序，是保证工期和降低施工费用的主要环节。堤防施工中常用的挖运设备按其功能可分为挖装、运输和碾压三类，主要设备有挖掘机、铲运机、推土机、碾压设备和自卸汽车等。

4.开采方式

土料开采主要有立面开采和平面开采两种方式。无论采用何种开采方式，都应在料场对土料进行质量控制，检查土料性质及含水率是否符合设计规定，不符合规定的土料不得上堤。

（三）填筑要求

1.堤基清理

在筑堤工作开始前，必须按设计要求对堤基进行清理。

堤基清理范围包括堤身、铺盖和压载的基面。堤基清理边线应比设计基面边线宽出 30～50 cm，老堤基加高培厚，其清理范围包括堤顶和堤坡。

在堤基清理时，应将堤基范围内的淤泥、腐殖土、泥炭、不合格土及杂草、树根等清除干净。

堤基内的井窖、树坑、坑塘等应按堤身要求进行分层回填处理。

在堤基清理后，应在第一层铺填前进行压实，且压实后土体的干密度应符合设计要求。

堤基在冻结后，不应有明显冻夹层，也不应有冻胀或浸水现象。

2.填筑作业的要求

当地面起伏不平时，应按水平分层由低处开始逐层填筑，不得顺坡铺填。

分段作业面长度、机械施工工段长不应小于 100 m，人工施工工段长可适当减短。

作业面应分层统一铺土、统一碾压，并进行平整；界面处要相互搭接，严禁出现界沟。

在软土堤基上筑堤时，如堤身两侧设有压载平台，则应按设计断面同步分层填筑。

相邻施工段的作业面宜均衡上升，若段与段之间不可避免地出现高差，则应以斜坡面相接，并按堤身接缝施工要点的要求作业。

已铺土料表面在压实前被晒干时，应洒水湿润。

光面碾压的黏性土填筑层在新层铺料前，应做刨毛处理。

若发现局部"弹簧土"、层间光面、层间中空、松土层等质量问题，则应及时进行处理，经检验合格后，方可铺填新土。

在软土地基上筑堤，或用较高含水量土料填筑堤身时，应严格控制施工速度，必要时应在地基、坡面设置沉降和位移观测点，根据观测资料分析结果，指导安全施工。

在堤身全断面填筑完毕后，应做整坡压实及削坡处理，并对堤防两侧护堤地面的坑洼进行铺填平整。

3.铺料作业的要求

在铺料前，应将已压实层的压光面层刨毛，含水量应适宜，过干时要洒水湿润。

铺料要求均匀、平整，每层铺料的厚度和土块直径的限制尺寸应通过碾压试验确定。

严禁将砂（砾）料或其他透水料与黏性土料混杂，上堤土料中的杂质应当清除。

土料或砾质土可采用进占法或后退法卸料，砂砾料宜用后退法卸料；在砂砾料或砾质土卸料时，如发生颗粒分离现象，应将其拌和均匀。砂砾料分层铺填的厚度不宜超过 30 cm，若用重型振动碾，可适当加厚，但不宜超过 60 cm。

在铺料至堤边时，应在设计边线外侧各超填一定余量，人工铺料宜为 10 cm，机械铺料宜为 30 cm。

土料铺填与压实工序连续进行，以免土料含水量变化过大，影响填筑质量。

4.压实作业的要求

在施工前，应先做碾压试验，确定碾压参数，以保证碾压质量能达到设计干密度值。

在碾压时，必须严格控制土料含水率。土料含水率应控制在最优含水率±3% 范围内。

当分段填筑时，各段应设立标志，以防漏压、欠压和过压。上下层的分段接缝位置应错开。

当分段、分片碾压时，相邻作业面的搭接碾压宽度，在平行堤轴线方向不应小于 0.5 m，在垂直堤轴线方向不应小于 3 m。

在砂砾料压实时，洒水量宜为填筑方量的 20%～40%；中细砂压实的洒水量，应按最优含水率控制。

二、护岸工程施工

护岸工程一般是布设在受水流冲刷严重的险工险段，其长度一般从开始塌岸处至塌岸终止点，并加一定的安全长度。通常堤防护岸工程包括水上护坡和水下护脚两部分。水上与水下之分均是对于枯水施工期而言。护岸工程的原则是先护脚后护坡。堤岸防护工程一般分为坡式护岸、坝式护岸、墙式护岸等。

（一）坡式护岸

坡式护岸即在岸坡及坡脚一定范围内覆盖抗冲材料的护岸。这种护岸形式对河床边界条件的改变和对近岸水流条件的影响均较小，是一种较常采用的护岸形式。

1.护脚工程

下层护脚为护岸工程的根基，其稳固与否，决定着护岸工程的成败。在工程实践中人们所强调的"护脚为先"就是对其重要性的经验总结。护脚工程及其建筑材料要求：能抵御水流的冲刷及推移质的磨损；具有较好的整体性并能适应河床的变形；较好的水下防腐朽性能；便于水下施工并易于补充修复。常用的护脚形式有抛石护脚、抛石笼护脚、沉排护脚等。

（1）抛石护脚

抛石护脚是坡式护岸下部固基的主要方法。抛石护脚宜在枯水期组织施工，且要严格按施工程序进行，设计好抛石船位置，抛投由上游往下游，由远而近，先点后线，先深后浅，循序渐进，自下而上分层均匀抛投。

（2）抛石笼护脚

当现场石块尺寸较小，抛投后可能被水冲走时，可采用抛石笼的方法，提前准备好铅丝网、钢筋网等，在现场充填石料后抛投入水。石笼护脚多用于流速大于 5.0 m/s、岸坡较陡的岸段。石笼体积可达 1.0～2.5 m^3，具体大小由现场抛投手段和能力而定。在抛投完成后，要进行一次全面的水下探测，将笼与笼接头不严处用大块石抛填补齐。

铅丝石笼的主要优点：可以充分利用较小粒径的石料；具有较大体积与质量；整体性和柔韧性均较好，当用于护岸时，可适应坡度较陡的河岸。

（3）沉排护脚

沉排，又叫柴排，它是一种用梢料制成大面积的排状物，用块石压沉于近岸河床之上，以保护河床、岸坡免受水流淘刷的一种工程措施。

沉排是靠石块压沉的，石块的大小和数量应通过计算大致确定。

沉排护脚的主要优点：整体性和柔韧性强，能适应河床变形；坚固耐用，具有较长的使用寿命，一般可用 10～30 年。

沉排护脚的缺点：成本高，用料多；制作技术和沉放要求较高，一旦散排上浮，器材损失严重。当采用沉排护脚时，要及时抛石维护，以防止因排脚局部淘刷而造成沉排折断破坏。

（4）沉枕护脚

抛沉柳石枕是沉枕护脚最常用的一种工程形式。柳石枕的制作方法：先用柳枝、芦苇、秸料等扎成直径 15 cm、长 5～10 m 的梢把（又称梢龙），每隔 0.5 m 紧扎篾子一道（或用 16 号铅丝捆扎）；然后将其铺在枕架上，上面堆置块石，石块上再放梢把；最后用 14 号或 12 号铅丝捆紧成枕。枕体两端应装较大石块，并捆成布袋口形，以免枕石外漏。有时为了控制枕体的沉放位置，在制作时加穿心绳（由三股 8 号铅丝绞成）。

沉枕一般设计成单层，若应用于个别局部陡坡险段，也可根据实际需要设计成双层或三层。

沉枕上端应在常年枯水位下 0.5 m，以防最枯水位时沉枕外露而腐烂，其上还应加抛接坡石。沉枕外脚，有可能是因为河床刷深而枕体下滚或悬空折断，因此，要加抛压脚石。为稳定枕体，延长其使用寿命，最好在其上部加抛压枕石，一般压枕石平均厚 0.5 m。

沉枕护脚的主要优点是能使水下掩护层联结成密实体；又因具有一定的柔韧性，入水后可以紧贴河床，起到较好的防冲作用，同时也容易滞沙落淤，稳定性能较好。

2.护坡工程

护坡工程除受水流冲刷作用外，还要承受波浪的冲击及地下水外渗的侵蚀。另外，因护坡工程常处于河道水位变动区，时干时湿，这就要求其建筑材料坚硬、密实、能长期耐风化。

目前，常见的护坡工程结构形式有干砌石护坡、浆砌石护坡、混凝土护坡、模袋混凝土护坡等。

（1）干砌石护坡

坡面较缓1∶（2.5～3.0）、受水流冲刷较轻的坡面，可采用单层干砌块石护坡或双层干砌块石护坡。

当坡面有涌水现象时，应在护坡层下铺设15 cm以上厚度的碎石、粗砂作为反滤层，封顶用平整块石砌护。

干砌石护坡的坡度，根据土体的结构性质而定，土质坚实的砌石坡度可陡些，反之则应缓些。

（2）浆砌石护坡

坡度为1∶（1～2），或坡面位于沟岸、河岸，下部可能遭受水流冲刷，且洪水冲击力强的防护地段，宜采用浆砌石护坡。

浆砌石护坡由面层和起反滤层作用的垫层组成。面层的铺砌厚度为25～35 cm。垫层又分为单层和双层两种，单层厚5～15 cm，双层厚20～25 cm。原坡面如为砂、砾、卵石，可不设垫层。

对于长度较大的浆砌石护坡，应沿纵向每隔10～15 m设置一道宽约2 cm的伸缩缝，并用沥青或木条填塞。

（3）混凝土护坡

在边坡坡脚可能遭受强烈洪水冲刷的陡坡段，宜采取混凝土护坡，必要时还需加锚固定。

现浇混凝土护坡的施工工序为测量、放线、修整夯实边坡、开挖齿坎、滤水垫层、立模、混凝土浇筑、养护等，并应注意预留排水孔。

预制混凝土块护坡的施工工序为预制混凝土块、测量放线、整平夯实边坡、开挖齿坎、铺设垫层、混凝土砌筑、勾缝养护。

（4）模袋混凝土护坡

模袋混凝土护坡的施工工序如下：

第一，清整浇筑场地。清除坡面杂物，平整浇筑面。

第二，模袋铺设。在开挖模袋埋固沟后，将模袋从坡上往坡下铺放。

第三，充填模袋。利用灌料泵自下而上，按左、右、中灌入孔的次序充填。充填约 1 h 后，清除模袋表面漏浆，设渗水孔管，回填埋固沟，并按规定要求养护。

（二）坝式护岸

坝式护岸是指修建丁坝、顺坝，将水流引离堤岸，以防止水流、波浪或潮汐对堤岸边坡的冲刷。这种形式的护岸多用于游荡性河流。

坝式护岸分为丁坝护岸、顺坝护岸、丁顺坝护岸、潜坝护岸四种形式，它们的坝体结构基本相同。

丁坝是一种间断性的有重点的护岸形式，具有调整水流的作用。在河床宽阔、水浅流缓的河段，常采用这种护岸形式。

丁坝坝头底脚常有垂直旋涡发生，以致冲刷为深塘，故在坝前应予以保护或将坝头构筑坚固，丁坝坝根须埋入堤岸内。

（三）墙式护岸

墙式护岸是指顺堤岸修筑竖直陡坡式挡墙。这种形式的护岸多用于城区河流或海岸防护。

在河道狭窄、堤外无滩且易受水冲刷、受地形条件或已建建筑物限制的重要堤段，常采用墙式护岸。

墙式护岸分为重力式挡土墙、扶壁式挡土墙、悬臂式挡土墙等形式。墙式护岸一般临水侧采用直立式，在满足稳定要求的前提下，应尽量减小断面，以减少工程量。墙体材料可采用钢筋混凝土、混凝土和浆砌石等。墙基应嵌入堤岸护脚一定深度，以满足墙体和堤岸整体抗滑稳定及抗冲刷的要求。如冲刷深度大，还需采取抛石等护脚固基措施，以减少基础埋深。

第三章　水利水电工程施工管理

第一节　水利水电工程施工进度管理

一、施工进度计划的作用与类型

（一）施工进度计划的作用

施工进度计划具有以下作用：①控制工程的施工进度，使之按期或提前竣工，并交付使用或投入运转；②通过施工进度计划的安排，加强工程施工的计划性，使施工能均衡、连续、有节奏地进行；③从施工顺序和施工进度等组织措施上保证工程质量和施工安全；④合理使用建设资金、劳动力、材料和机械设备，达到多、快、好、省地进行工程建设的目的；⑤确定各施工时段所需的各类资源的数量，为施工准备提供依据；⑥施工进度计划是编制更细一层进度计划（如月、旬作业计划）的基础。

（二）施工进度计划的类型

施工进度计划按编制对象的大小和范围不同可分为施工总进度计划、单项工程施工进度计划、单位工程施工进度计划和施工作业计划等类型。下面，对常见的几种施工进度计划进行介绍。

1. 施工总进度计划

施工总进度计划是以整个水利水电枢纽工程为编制对象，拟定其中各个单项工程和单位工程的施工顺序及建设进度，以及整个工程施工前的准备工作和完工后的结尾工作的项目与施工期限。因此，施工总进度计划属于轮廓性（或控制性）的进度计划，在施工过程中主要控制和协调各单项工程或单位工程的施工进度。

施工总进度计划的任务是分析工程所在地区的自然条件、社会经济资源、影响施工质量与进度的关键因素，确定关键性工程的施工分期和施工程序，并协调安排其他工程的施工进度，使整个工程施工前后兼顾、互相衔接、均衡生产，从而合理使用资金、劳动力、设备、材料，在保证工程质量和施工安全的前提下，使工程按时或提前建成投产。

2.单项工程施工进度计划

单项工程施工进度计划是以枢纽工程中的主要工程项目（如大坝、水电站等单项工程）为编制对象，并将单项工程划分成单位工程或分部、分项工程，拟定其中各项目的施工顺序和建设进度及相应的施工准备工作内容与施工期限。它以施工总进度计划为基础，从施工方法等方面论证施工进度的合理性和可靠性，尽可能组织流水作业，并研究加快施工进度和降低工程成本的具体措施。反过来，又可以根据单项工程施工进度计划对施工总进度计划进行局部微调或修正。

3.单位工程施工进度计划

单位工程施工进度计划是以单位工程（如土坝的基础工程、防渗体工程、坝体填筑工程等）为编制对象，拟定其中各分部、分项工程的施工顺序、建设进度及相应的施工准备工作内容和施工期限。它以单项工程施工进度计划为基础进行编制，属于实施性进度计划。

4.施工作业计划

施工作业计划是以某一施工作业过程为编制对象，制定该作业过程的施工起止日期及相应的施工准备工作内容和施工期限。它是具体的实施性进度计划。在施工过程中，为了加强计划管理工作，各施工作业班组应在单位工程施工进度计划的要求下，编制年度、季度的作业计划。

二、施工总进度计划的编制

（一）施工总进度计划的编制原则

编制施工总进度计划应遵循以下原则：

第一，认真贯彻执行党的方针政策、国家法令法规、上级主管部门对本工程建设的指示和要求。

第二，加强与施工组织设计及其他各专业的密切联系，统筹考虑，以关键性工程的施工分期和施工程序为主导，协调安排其他各单项工程的施工进度。

第三，在认真分析基本资料的基础上，尽可能采用先进的施工技术和设备，最大限度地组织均衡施工，力争全年施工，加快施工进度。同时，应做到实事求是，并留有余地，保证工程质量和施工安全。当施工情况发生变化时，要及时调整施工进度。

第四，充分重视和合理安排准备工程的施工进度。在主体工程开工前，相应各项准备工作应基本完成，为主体工程开工和顺利进行创造条件。

第五，对于高坝、大库容的工程，应研究分期建设或分期蓄水的可能性，尽可能减少第一批机组投产前的工程投资。

（二）施工总进度计划的编制方法

1.基本资料的收集和分析

基本资料主要包括以下几个方面：

①上级主管部门对工程建设的指示和要求，有关工程的合同，如设计任务书，工程开工、竣工、投产的顺序和日期，对施工承建方式和施工单位的意见，工程施工机械化程度、技术供应等方面的指示，国民经济各部门对施工期间防

洪、灌溉、航运、供水、过木等方面的要求。

②设计文件和有关的法规、技术规范、标准。

③工程勘测和技术经济调查资料，如地形、水文、气象资料，工程地质与水文地质资料，当地建筑材料资料，工程所在地区和库区的工矿企业、矿产资源等资料。

④工程规划设计和概预算方面的资料，如工程规划设计的文件和图纸、主管部门的投资分配和定额资料等。

⑤施工组织设计其他部分对施工进度的限制和要求，如施工场地情况、交通运输能力、资金到位情况、原材料及工程设备供应情况、劳动力供应情况、技术供应条件、施工导流与分期、施工方法与施工强度限制以及供水、供电和通信情况等。

⑥施工单位施工技术与管理方面的资料、已建类似工程的经验及施工组织设计资料等。

⑦征地及移民搬迁安置情况。

⑧其他有关资料，如环境保护、文物保护和野生动物保护等。

收集以上资料后，应着手对各部分资料进行分析，找出影响进度的关键因素。尤其是施工导流与分期的划分，截流时段的确定，围堰挡水标准的拟定，大坝的施工程序及施工强度、加快施工进度的可能性，坝基开挖顺序及施工方法、基础处理方法和处理时间，各主要工程所采用的施工技术与施工方法、技术供应情况及各部分施工的衔接，现场布置与设备、材料的供应等。只有把这些基本情况搞清楚并理顺它们之间的关系，才能做出既符合客观实际又满足主管部门要求的施工总进度安排。

2.施工总进度计划的编制步骤

（1）划分并列出工程项目

施工总进度计划的项目划分不宜过细。列项时，应根据施工部署中分期、分批开工的顺序和相互关联的密切程度依次进行，防止漏项，突出每一个系统的主要工程项目，分别列入工程名称栏内。对于一些次要的项目，则可合并到其他项目中。例如，河床中的水利水电工程，若按扩大单项工程列项，可以有准备工作、导流工程、拦河坝工程、溢洪道工程、引水工程、水库清理工程、结束工作等。

（2）计算工程量

工程量的计算一般应根据设计图纸、工程量计算规则及有关定额手册或资料进行。其数值的准确性直接关系到项目持续时间的误差，进而影响进度计划的准确性。当然，设计深度不同，工程量的计算精度也不一样。有时，为了满足分期、分层或分段组织施工的需要，应分别计算不同高程、不同桩号的工程量，画出累计曲线，以便分期、分段组织施工。计算工程量常采用列表的方式进行。工程量的计量单位要与使用的定额单位相吻合。

（3）计算各项目的施工持续时间

确定进度计划中各项工作的作业时间是计算项目计划工期的基础。在工作项目的实物工程量一定的情况下，工作持续时间与安排在工程上的设备水平、人员技术水平、人员与设备数量、效率等有关。

（4）确定项目之间的逻辑关系

项目之间的逻辑关系取决于工程项目的性质、施工组织、施工技术等许多因素。概括说来，分为以下两大类：

一是工艺关系，即由施工工艺决定的施工顺序关系。在作业内容、施工技术方案确定的情况下，这种逻辑关系是确定的，不得随意更改。例如，一般土建工程项目，应按照先地下后地上、先基础后结构、先土建后安装、先主体后围护的原则安排施工顺序。

二是组织关系，即由施工组织决定的施工顺序关系。如工艺上没有明确规定先后顺序关系的工作，由于考虑到其他因素（如工期、质量、安全、资源限制、场地限制等）的影响而人为安排的施工顺序关系，均属此类。例如，由导流方案所形成的导流程序，决定各控制环节所控制的工程项目，从而也就决定这些项目的衔接顺序。再如，采用全段围堰隧洞导流的方案时，通常要求在截流以前完成隧洞施工、围堰进占、库区清理、截流备料等工作，由此形成相应的衔接关系。由组织关系决定的衔接顺序，一般是可以改变的。只要改变相应的组织安排，有关项目的衔接顺序就会发生变化。

项目之间的逻辑关系，是科学地安排施工进度的基础，应逐项研究，认真确定。

（5）初拟施工总进度计划

通过对项目之间进行逻辑关系分析，掌握工程进度的特点，厘清工程进度的脉络，就可以初拟施工总进度计划。在初拟进度时，一定要抓住关键，分清主次，合理安排。要特别注意把与洪水有关、受季节性限制较严、施工技术比较复杂的控制性工程的施工进度安排好。

对于堤坝式水利水电枢纽工程，其关键项目一般位于河床，故施工总进度的安排应以导流程序为主要线索。先将施工导流、围堰截流、基坑排水、坝基开挖、基础处理、施工度汛、坝体拦洪、下闸蓄水、机组安装和引水发电等关键性控制进度安排好，其中包括相应的准备、结束工作和配套辅助工程的进度。这样，构成的总的轮廓进度即进度计划的骨架。然后，配合安排不受水文条件控制的其他工程项目，形成整个枢纽工程的施工总进度计划草案。

需要注意的是，在初拟控制性进度计划时，对于围堰截流、拦洪度汛、蓄水发电等关键项目，一定要充分论证并落实相关措施。否则，如果延误了截流时机，影响了发电计划，对工期的影响往往是巨大的。

对于引水式水利水电工程，引水建筑物的施工期限成为控制总进度的关键，此时，总进度计划应以引水建筑物为主进行安排，其他项目的施工进度要与之相适应。

（6）调整和优化

初拟进度计划以后，要配合施工组织设计其他部分的分析，对一些控制环节、关键项目的施工强度、投资过程等重大问题进行分析。若发现主要工程的施工强度过大或施工强度不均衡时，就应进行调整和优化，使新的计划更加完善、更加切实可行。

（7）编制正式施工总进度计划

经过调整、优化后的施工进度计划，可以作为设计成果在整理以后提交审核。施工进度计划的成果可以用横道进度表的形式表示，也可以用网络图的形式表示。此外，还应提交有关主要工种工程施工强度、主要资源需用强度和投资费用动态过程等方面的成果。

以上简要地介绍了施工总进度计划的编制步骤。在实际工作中，不能机械地划分这些步骤，而应该将其联系起来，大体上依照上述程序编制施工总进度计划。当初步设计阶段的施工总进度计划获批后，在技术设计阶段还要结合单项工程进度计划的编制来修正施工总进度计划。在工程施工中，再根据施工条件的变化情况予以调整，用来指导施工，控制工期。

第二节　水利水电工程
施工项目成本管理

一、施工项目成本的内涵

施工项目成本是指建筑施工企业完成单位施工项目所发生的全部生产费用的总和，包括完成该项目所发生的人工费、材料费、施工机械费、措施项目费、管理费，但是不包括利润和税金，也不包括构成施工项目价值的一切非生产性支出。

施工项目成本的构成如下：

（一）直接成本

1.直接工程费

直接工程费：①人工费；②材料费；③施工机械使用费。

2.措施费

措施费：①环境保护费、文明施工费、安全施工费；②临时设施费、夜间施工费、二次搬运费；③大型机械设备进出场及安装费；④混凝土、钢筋混凝土模板及支架费；⑤脚手架费、已完成工程及设备保护费、施工排水费、降水费。

（二）间接成本

1.规费

规费：①工程排污费、工程定额测定费；②社会保障费，包括养老、失业、医疗保险费；③危险作业意外伤害保险费。

2.企业管理费

企业管理费：①管理人员工资、办公费、差旅费、工会经费；②固定资产使用费、工具使用费、劳动保险费；③职工教育经费、财产保险费。

二、施工项目成本管理的内容

（一）施工项目成本预测

施工项目成本预测是根据一定的成本信息结合施工项目的具体情况，采用一定的方法对施工项目成本可能发展的趋势作出的判断和推测。

成本预测的方法有定性预测法和定量预测法。

1.定性预测法

定性预测法是指具有一定经验的人员或有关专家依据自己的经验和能力水平对成本未来发展的态势或性质作出分析和判断的方法。该方法受人为因素影响很大，并且不能量化，具体包括专家调查法、主观概率预测法。

2.定量预测法

定量预测法是指根据收集的比较完备的历史数据，运用一定的方法计算分析，以此来判断成本变化的情况。此法受历史数据的影响较大，可以量化，具体包括移动平均法、指数滑移法、回归预测法。

（二）施工项目成本计划

成本计划是一切管理活动的首要环节。施工项目成本计划是在预测和决策的基础上对成本的实施作出计划性的安排和布置，是施工项目降低成本的指导性文件。

施工项目成本计划的制订应遵循以下原则：

1.从实际出发

根据国家的方针政策，从企业的实际情况出发，充分挖掘企业内部潜力，使降低成本指标切实可行。

2.与其他目标计划相结合

制订工程项目成本计划必须与其他各项计划密切结合。一方面，工程项目成本计划要根据项目的生产、技术组织措施、材料供应等计划来编制；另一方面，工程项目成本计划又影响着其他各种计划指标适应降低成本指标的要求。

3.统一领导，分级管理

在项目经理的领导下，以财务和计划部门为中心，发动全体职工共同总结降低成本的经验，找出降低成本的正确途径。

（三）施工项目成本控制

施工项目成本控制包括事前控制、事中控制和事后控制。

1.事前控制

成本的事前控制是通过成本的预测和决策，落实降低成本措施，编制目标成本计划而展开的，分为工程投标阶段和施工准备阶段的成本控制。成本计划属于事前控制。

2.事中控制

事中控制是指在项目施工的过程中，通过一定的方法和技术措施，加强对各种影响成本的因素进行管理，将施工中所发生的各种消耗和支出尽量控制在成本计划内。

事中控制的任务：建立成本管理体系；项目经理部应将各项费用指标进行分解，以确定各个部门的成本指标；加强对成本的控制。事中控制要以合同造价为依据，从预算成本和实际成本两个方面控制项目成本。实际成本控制应对主要工料的数量和单价、分包成本和各项费用等影响成本的主要因素进行控制，主要是加强对施工任务单和限额领料单的管理；将施工任务单和限额领料单的结算资料与施工预算进行核对，计算分部（分项）工程成本差异，分析产生差异的原因，采取相应的措施；做好月度成本原始资料的收集、整理及月度成本核算；在月度成本核算的基础上，实行责任成本核算。除此之外，还应经常检查对外经济合同履行情况，定期检查各责任部门和责任者的成本控制情况，检查责、权、利的落实情况。

3.事后控制

事后控制主要是重视竣工验收工作，对照合同价的变化，将实际成本与目标成本之间的差距加以分析，进一步挖掘降低成本的潜力。主要工作是合理安排时间，完成工程竣工扫尾工作，把耗用的时间降到最少；及时办理工程结算；在工程保修期间，应由项目经理指定保修工作者，并责成保修工作者提交保修计划；将实际成本与计划成本进行比较，计算成本差异；分析成本节约或超支的原因和责任归属。

（四）施工项目成本核算

施工项目成本核算是指对项目施工过程中所发生的各种费用进行核算。它包括两个基本环节：一是归集费用，计算成本实际发生额；二是采取一定的方法计算施工项目的总成本和单位成本。

1.施工项目成本核算的对象

一个单位工程由几个施工单位共同施工，各单位都应以同一单位工程作为成本核算对象。

规模大、工期长的单位工程可以划分为若干部位，以分部工程作为成本核算对象。

同一建设项目，由同一施工单位施工，在同一施工地点，属于同一种结构类型、开工、竣工时间相近的若干单位工程可以合并作为一个成本核算对象。

改、扩建的零星工程可以将开工、竣工时间相近且属于同一个建设项目的各单位工程合并成一个成本核算对象。

土方工程、打桩工程可以根据实际情况，以一个单位工程为成本核算对象。

2.施工项目成本核算的基本内容

（1）人工费核算

内包人工费、外包人工费。

（2）材料费核算

编制材料消耗汇总表。

（3）周转材料费核算

①实行内部租赁制；②项目经理部与出租方按月结算租赁费用；③周转材料进出时，加强计量验收；④租用周转材料的进退场费，按照实际发生数，由调入方承担；⑤对于 U 形卡、脚手架等零件，在竣工验收时进行清点，按实际情况计入成本；⑥租赁周转材料时，不再分配承担周转材料差价。

（4）结构件费核算

①按照单位工程使用对象编制结构件耗用月报表；②结构件单价以项目经理部与外加工单位签订的合同为准；③耗用的结构件品种和数量应与施工产值相对应；④结构件的高进、高出价差核算同材料费的高进、高出价差核算一致；⑤如发生结构件的一般价差，可计入当月项目成本；⑥部位分项、分包工程，按照企业通常采用的类似结构件管理核算方法；⑦在结构件外加工和部位分项、分包工程施工过程中，尽量获取经营利益。

（5）机械使用费核算

①机械设备实行内部租赁制；②租赁费根据机械使用台班、停用台班和内部租赁价计算，计入项目成本；③机械进出场费，按规定由承租项目承担；④各类大中小型机械，其租赁费全额计入项目机械成本；⑤结算原始凭证由项目指定人签证，确认开班和停班数；⑥向外部单位租赁机械，按当月租赁费用金额计入项目机械成本。

（6）其他直接费核算

①材料二次搬运费，临时设施摊销费；②生产工具使用费；③除上述费用外，其他直接费均按实际发生时的有效结算凭证计算，计入项目成本。

（7）施工间接费核算

①要求以项目经理部为单位编制工资单和奖金单，列支工作人员薪金；②劳务公司所提供的炊事人员、服务人员、警卫人员承包服务费计入施工间接费；③内部银行的存贷利息，计入内部利息；④先按项目归集施工间接费总账，再按一定分配标准计入收益成本。

（8）分包工程成本核算

①包清工程，纳入外包人工费内核算；②部位分项、分包工程，纳入结构件费内核算；③机械作业分包工程，只统计分包费用，不包括物耗价值；④项目经理部应增设分建成本项目，核算双包工程、机械作业分包工程的成本状况。

三、施工项目成本管理的措施

为了取得理想的效果，应当从多方面采取措施实施管理，通常可以将这些措施归纳为组织措施、技术措施、经济措施以及合同措施。

（一）组织措施

组织措施是从施工成本管理的组织方面采取的措施，如实行项目经理责任制，落实施工成本管理的组织机构和人员，明确各级施工成本管理人员的任务和职能分工、权利和责任。施工成本管理不仅是专业成本管理人员的工作，各级项目管理人员都负有成本控制责任。

编制施工成本控制工作计划，确定详细、合理的工作流程。要做好施工采购规划，通过生产要素的优化配置、合理使用、动态管理，有效控制实际成本；加强施工定额管理和施工任务单管理；加强施工调度，避免因施工计划不周和盲目调度造成窝工损失、机械利用率降低、物料积压等而使施工成本增加。成本控制工作只有建立在科学管理的基础之上，具备完善的规章制度、稳定的作业秩序、准确的信息传递，才能取得成效。组织措施是其他各类措施的保障，而且一般不需要增加费用，运用得当可以收到良好的效果。

（二）技术措施

施工过程中，降低成本的技术措施，包括进行技术经济分析，确定最佳的施工方案；在满足要求的前提下，通过代用、改变配合比、使用添加剂等方法降低材料消耗的费用；结合项目的施工组织设计及自然地理条件，降低材料的库存成本和运输成本。

（三）经济措施

经济措施是最易被人们采用的措施。管理人员应编制资金使用计划，确定施工项目成本管理目标。对施工项目成本管理目标进行风险分析并制定对策。及时、准确地核算实际发生的成本。对各种变更，及时做好增减账，及时落实业主签证，及时结算工程款。通过偏差分析和未完工工程预测，管理人员可以发现一些潜在的问题并及时采取预防措施。

（四）合同措施

采用合同措施控制施工成本，应贯穿整个合同周期，包括从合同谈判开始到合同终结的全过程。首先，选用合适的合同结构，对各种合同结构模式进行分析，谈判时，争取选用适合工程规模、性质和特点的合同结构模式。其次，仔细考虑一切影响成本和效益的因素，特别是潜在的风险因素。识别和分析引起成本变动的风险因素，采取风险对策，如通过合理的方式增加承担风险的个体数量，降低损失发生的比例，并最终使这些策略反映在合同的具体条款中。

第三节　水利水电工程施工质量管理

一、水利水电工程施工质量管理的内容

施工单位必须按其资质等级及业务范围承担相应的水利工程施工任务。施工单位必须接受水利工程质量监督单位对其施工资质等级以及质量保证体系的监督检查。施工单位施工质量管理的内容包括以下几个方面：

一是施工单位必须依照国家、水利行业有关工程建设法规、技术规范、技术标准的规定以及设计文件和施工合同的要求进行施工，并对其施工的工程质量负责。

二是施工单位不得对其承接的水利建设项目的主体进行转包。分包单位必须具备相应资质等级，并对其分包工程的施工质量向总包单位负责，总包单位对全部工程质量向项目法人负责。

三是施工单位要推行全面质量管理，建立健全质量保证体系，制定和完善质量规范及考核办法，落实质量责任制。在施工过程中要加强质量检验工作，认真执行"三检制"（即初检、复检、终检），切实做好工程质量的全过程控制。

四是竣工工程质量必须符合国家和水利行业现行的工程标准及设计文件要求，并向项目法人提交完整的技术档案、试验成果及有关资料。

二、水利水电工程施工质量管理的原则

（一）质量第一原则

工程建设与国民经济的发展和人民生活的改善息息相关。遵循质量第一原则，必须弄清质量和数量、质量和进度之间的关系。不符合质量要求的工程，数量和进度都将失去意义，也没有任何使用价值，而且数量越多，进度越快，国家和人民遭受的损失也将越大。因此，好中求多、好中求快、好中求省才符合质量管理要求。

（二）预防为主原则

对于工程项目的质量，我国长期以来采取事后检验的方法，认为严格检查就能保证质量，实际上这是远远不够的，应该从消极防守的事后检验变为积极预防的事先管理。好的建筑产品是好的设计、好的施工所产生的，因此，必须

在项目管理的全过程中,事先采取各种措施,消灭种种不符合质量要求的因素,以保证建筑产品的质量。

(三)为用户服务原则

进行质量管理就是要把为用户服务原则作为管理工作的出发点,贯彻到各项工作中去。同时,要在项目内部树立"下道工序就是用户"的意识。各种工作都有个前、后的工作顺序,前道工序的工作一定要保证质量,凡达不到质量要求的不能交给下道工序,一定要使"下道工序"这个用户满意。

(四)用数据说话原则

质量管理必须依靠能够确切反映客观实际的数字和资料,否则就谈不上科学管理。一切用数据说话,就需要用数理统计方法对工程实体或工作对象进行科学的分析,从而研究工程质量的波动情况,寻求影响工程质量的因素,采取有效措施。

三、提高水利水电工程施工质量的措施

(一)加强对人员的管理

在水利水电工程施工的过程中,需要加强对人员资质的审查,提高审查的要求,所有人员必须持证上岗。相关的领导人员应当具备相应的组织管理能力,同时具有较高的文化素质和丰富的工程经验。各项工程的技术人员应当具备专业的技术水平,具有丰富的专业知识。相关的工程人员具备相关的执业资格和证书。加强培训工作,促使施工人员素质整体提高,保证工程施工的质量。

（二）加强对工程施工的进度管理

施工进度的管理对工程施工的成本和质量有着直接的影响，同时，对施工企业的信誉和知名度也有一定的影响。因此，在水利水电工程施工的过程中，应当注重工程的进度管理，对工程的进度计划进行细分和优化，加强对施工企业进度计划的审查，并且开展内部讨论，组织相应的分析会议，对存在的问题进行分析，采取有效的解决方法。

（三）加强对施工材料的管理

在水利水电工程施工的过程中，应当加强对施工材料的管理。例如，在砖进场时，施工单位需要对其生产的厂家、报审的数量等进行核对，严格核实其合格证，以抽样的方式对其抗压、抗折的强度以及尺寸等进行检查。

（四）完善工程质量监督管理体系

政府部门作为水利水电工程的主管部门，应当从实际情况出发，制定相关的政策法规，完善工程质量监督管理机制，保证水利水电工程的施工质量。水利水电工程的质量检测对保证工程的质量有着重要的作用。在实际的工程施工过程中，不少工程并没有建设完善的工程质量检测机制，存在比较大的风险，因此，完善施工质量检测系统具有重要的意义。

第四节 水利水电工程施工安全管理

一、施工安全管理的概念、内容和特点

（一）施工安全管理的概念

施工安全管理是施工企业全体职工参加的、以人的因素为主的、为达到安全生产目的而采取各种措施的管理。它是根据系统的观点提出来的一种组织管理方法，是施工企业全体职工及各部门同心协力，把专业技术、生产管理、数理统计和安全教育结合起来，建立从签订施工合同，进行施工组织设计、现场平面设置等施工准备工作开始，到施工的各个阶段，直至工程竣工验收活动全过程的安全保证体系，采用行政、经济、法律、技术和教育等手段，有效地控制设备事故、人身伤亡事故的发生，实现安全生产、文明施工。根据施工企业的实践，推行安全管理就是要通过三个方面达到一个目的。

三个方面：①认真贯彻"安全第一，预防为主"的方针；②充分调动施工企业各部门和全体职工搞好安全管理的积极性；③切实有效地运用现代科学技术和安全管理技术，做好设计、施工、竣工验收等方面的工作，以预防为主，消除各种危险因素。

目的是通过安全管理，创造良好的施工环境和作业条件，使生产活动安全化、最优化，避免事故发生，保证职工的安全。因此，推行安全管理时，应该注意做到"三全、一多样"，即全员、全过程、全企业的安全管理，所运用的方法必须多种多样。

（二）施工安全管理的内容

1.建立安全生产制度

安全生产制度必须符合国家和地区的有关政策、法规、条例和规程，并结合施工项目的特点，明确各级各类人员安全生产责任制，要求全体人员必须认真贯彻执行。

2.贯彻安全技术管理

编制施工组织设计时，必须结合工程实际，制定切实可行的安全技术措施，要求全体人员必须认真贯彻执行。

3.组织安全检查

为了确保安全生产，必须有监督监察。安全检查员要经常查看现场，及时排除施工中的不安全因素，纠正违章作业，监督安全技术措施的执行，不断改善劳动条件，防止工伤事故的发生。

4.进行事故处理

事故发生后，应立即进行调查，了解事故产生的原因。在总结经验教训的基础上，有针对性地制定防止事故再次发生的措施。

（三）施工安全管理的特点

1.复杂性

水利水电工程施工具有项目的固定性、生产的流动性、外部环境影响的不确定性，决定施工安全管理的复杂性。

生产的流动性主要指生产要素的流动性，表现为生产过程中人员、工具和设备的流动，主要涉及四个方面：①同一工地不同工序之间的流动；②同一工序不同工程部位之间的流动；③同一工程部位不同时间段之间的流动；④施工企业向新建项目迁移的流动。

外部环境对施工安全的影响，主要表现在四个方面：①露天作业多；②气候变化大；③地质条件变化；④地形条件影响。

生产因素和环境因素的影响使施工安全管理变得复杂，考虑不周会出现安全问题。

2.多样性

受客观因素影响，水利水电工程项目具有多样性的特点，但建筑产品具有单件性的特点，因此，每一个施工项目都要根据特定条件和要求进行施工。安全管理的多样性主要表现在三个方面：①不能按相同的图纸、工艺和设备进行批量重复生产；②因项目需要设置组织机构，项目结束后，组织机构便会解散，生产经营的一次性特征突出；③新技术、新工艺、新设备、新材料的应用给安全管理带来新的难题。

3.协调性

施工过程的连续性决定施工安全管理的协调性。水利水电工程施工项目不像其他工业产品那样可以分成若干部分或零部件同时生产，必须在一个固定的场地按严格的程序连续生产，上一道工序完成才能进行下一道工序，上一道工序生产的结果往往被下一道工序所掩盖，而每一道工序是由不同的部门和人员完成的，这样，就要求在安全管理中，不同的部门和人员做好配合，确保整个生产过程的安全。

4.强制性

工程项目建设前，已经通过招标投标程序确定了施工单位。由于目前建筑市场供大于求，施工单位大多以较低的标价中标，实施中安全管理费用严重不足，不符合安全管理规定的现象时有发生，因此，要求建设单位和施工单位加大对安全管理的投入，同时政府也要加大对安全生产的监管力度。

二、施工安全控制

（一）施工安全控制的概念

施工安全控制是指施工企业通过对安全生产过程中涉及的计划、组织、监控、调节和改进等一系列致力于实现施工安全的措施所进行的管理活动。

（二）施工安全控制的方针与目标

1.施工安全控制的方针

施工安全控制的目的是安全生产，因此，施工安全控制的方针是"安全第一，预防为主"。

安全第一是指把人身安全放在第一位，生产必须保证人身安全，充分体现以人为本的理念。

预防为主是实现安全第一的手段，采取正确的措施和方法进行安全控制，从而消除隐患。

2.施工安全控制的目标

施工安全控制的目标是保证人员安全，避免财产损失。

（三）施工安全控制的特点

1.安全控制面大

由于水利水电工程规模大、生产工序多、工艺复杂、流动施工作业多、野外作业多、高空作业多、作业位置多、施工中不确定因素多，因此施工安全控制涉及范围广、控制面大。

2.安全控制动态性强

水利水电工程项目的单件性，使得每个工程所处的条件不同，危险因素和措施也会有所不同，员工进驻一个新的工地，面对新的环境，需要时间熟悉情况。工程项目施工的分散性，使现场施工分散于场地的不同位置和建筑物的不同部位，施工人员面对新的生产环境，一定要熟悉各种安全规章制度和技术措施。

3.安全控制体系的交叉性

工程施工受自然环境和社会环境影响大，建立和运行安全控制体系要综合考虑各方面的因素。

4.安全控制的严谨性

安全事故的出现是随机的，偶然中也存在必然，一旦失控，就会造成损失。因此，安全控制必须严谨。

（四）施工安全控制的程序

1.确定项目的安全目标

按目标管理的方法，将安全目标在以项目经理为首的项目管理系统内进行分解，从而确定每个岗位的安全目标，实现全员安全控制。

2.编制项目安全技术措施计划

对生产过程中的不安全因素，应采取技术手段加以控制，并将此编成书面文件，作为工程项目安全控制的指导性文件，落实预防为主的方针。

3.落实项目安全技术措施计划

安全技术措施包括安全生产责任制、安全生产设施、安全教育和培训、安全信息的沟通和交流，应通过安全控制使生产作业的安全状况处于可控制状态。

4.持续改进安全生产控制措施

持续改进安全生产控制措施，直到完工。

三、施工安全管理体系的建立

（一）施工安全管理体系的内容

1.安全生产责任制

（1）安全生产责任制的要求

安全生产责任制，是根据"管生产必须管安全""安全生产，人人有责"的原则，以制度的形式明确各类人员在生产活动中应负的安全职责。它是施工企业岗位责任制的一个重要组成部分，是企业安全管理中基本的制度，是所有安全规章制度的核心。

①施工企业各级领导的安全职责

明确规定施工企业各级领导在各自职责范围内做好安全工作，要将安全工作纳入自己的日常生产管理工作之中，做到在计划、布置、检查、总结、评比生产的同时，计划、布置、检查、总结、评比安全工作。

②各有关职能部门的安全生产职责

它包括施工企业中生产部门、技术部门、材料部门、财务部门、教育部门、卫生部门等，各职能机构应在各自业务范围内，对实现安全生产的要求负责。

③生产工人的安全职责

生产工人做好本岗位的安全工作是搞好企业安全工作的基础，企业中的一切安全生产制度都要通过生产工人来落实。因此，企业要求它的每一名职工都能自觉地遵守各项安全生产规章制度，不违章作业。

（2）安全生产责任制的制定和考核

项目经理是项目安全生产第一责任人，对安全生产负全面的领导责任。施工现场从事与安全有关的管理、执行和检查人员，特别是独立行使权力开展工作的人员，应规定其职责、权限，定期考核。

各项经济承包合同中要有明确的安全指标和包括奖惩办法在内的安全保

证措施。承发包或联营各方之间依照有关法规，签订安全生产协议书，做到主体合法、内容合法和程序合法，明确各自的权利和义务。

实行施工总承包的单位，施工现场安全由总承包单位负责，总承包单位要统一领导和管理分包单位的安全生产。分包单位应对其分包工程的施工现场安全向总承包单位负责，认真履行承包合同规定的安全生产职责。

为了使安全生产责任制能够得到严格贯彻执行，就必须与经济责任制挂钩。对违章操作造成事故的责任者，必须给予一定的经济制裁，情节严重的还要给予行政处分，触犯法律的，还要追究其法律责任。对一贯遵章守纪、重视安全生产或者在预防事故等方面作出贡献的，要给予奖励，做到奖罚分明，充分调动广大职工的积极性。

（3）安全生产目标管理

施工现场应实行安全生产目标管理，制定总的安全目标，如伤亡事故控制目标、文明施工目标等。

（4）安全施工技术操作规程

施工现场要建立健全各种规章制度，除安全生产责任制外，还有安全技术交底制度、安全宣传教育制度、安全检查制度、安全设施验收制度、伤亡事故报告制度等。施工现场应制定与本工地有关的各工序、工种和各类机械作业的施工安全技术操作规程和施工安全要求。

（5）施工现场安全管理网络

施工现场应设安全专（兼）职人员或安全机构，主要任务是负责施工现场的安全检查。安全员应按规定，每年集中培训，经考试合格才能上岗。施工现场要建立以项目经理为组长、由各职能机构和分包单位负责人和安全管理人员参加的安全生产管理小组，小组自上而下覆盖各单位、各部门、各班组的安全生产管理网络。

建立由工地领导参加的包括施工员、安全员在内的轮流值班制度，检查监督施工现场及班组安全制度的贯彻执行，并做好值班记录。

2.安全生产检查

（1）安全生产检查的内容

施工现场应建立各级安全检查制度，工程项目部在施工过程中应组织定期和不定期的安全检查，主要是查思想、查制度、查教育培训、查机械设备、查安全设施、查操作行为等。

（2）安全生产检查的要求

①各种安全检查都应该根据检查要求配备力量。特别是大范围、全面性安全检查，要明确检查负责人，抽调专业人员参加检查并进行分工，明确检查内容、标准及要求。

②每种安全检查都应有明确的检查目的和检查项目。重点部位要重点检查。对现场管理人员和操作工人不仅要检查是否有违章作业行为，还要进行安全知识的抽查，以便了解管理人员及操作工人的安全素质。

③检查记录是安全评价的依据，要认真、详细填写。特别是对隐患的记录必须具体，如隐患的部位、危险程度及处理意见等。采用安全检查评分表的，应记录每项扣分的原因。

④安全检查需要认真、全面地进行分析。哪些检查项目已达标，哪些检查项目虽然基本达标，但还有哪些方面需要完善，哪些检查项目没有达标，存在哪些问题需要整改。

⑤整改是安全检查工作重要的组成部分，是检查结果的归宿。整改工作包括隐患登记、整改、复查、销案等。

（3）施工安全文件的编制要求

施工安全管理的有效方法，是按照水利水电工程施工安全管理的相关标准、法规和规章，编制安全管理体系文件。施工安全文件的编制要求如下：

①安全管理目标应与企业的安全管理总目标协调一致。

②安全保证计划应围绕安全管理目标，将其要素用矩阵图的形式，按职能部门进行安全职能各项活动的展开和分解，依据安全生产策划的要求和结果，

对各要素在现场的实施提出具体方案。

③安全管理体系文件应经过自上而下、自下而上的多次反复讨论与协调，以提高编制工作的质量，并按规定，由上报机构对安全生产责任制、安全保证计划的完整性和可行性等进行确认，保存确认记录。

④安全保证计划应送上级主管部门备案。

⑤配备必要的资源和人员，首先应保证工作需要的人力资源，适宜而充分的设施、设备，以及综合考虑成本、效益和风险的财务预算。

⑥加强信息管理、日常安全监控和组织协调。通过全面、准确、及时地掌握安全管理信息，对涉及体系的矛盾进行协调，促进安全生产保证体系不断完善，形成体系的良性循环运行机制。

⑦由企业按规定对施工现场安全生产保证体系运行进行内部审核，验证和确认安全生产保证体系的完整性、有效性。

为了及时地掌握安全管理信息，可以根据项目施工的对象特点，编制安全检查表。

（4）检查和处理

①检查中发现隐患应该进行登记，作为整改备查依据，提供安全动态分析信息。

②安全检查中查出的隐患除进行登记外，还应发出隐患整改通知单，引起整改单位重视。凡是有即将发生事故危险的隐患，检查人员应责令停工，被查单位必须立即整改。

③对于违章指挥、违章作业行为，检查人员可以当场指出，进行纠正。

④被检查单位领导对查出的隐患，应立即研究整改方案，按照"三定"（定人、定期限、定措施）原则立即进行整改。

⑤整改完成后，要及时报告给有关部门。有关部门要立即派人员进行复查，经复查合格后，进行销案。

3.安全生产教育

（1）安全生产教育的内容

①新工人必须进行公司、工地和班组的三级安全教育。教育内容包括安全生产方针、政策、法规、标准及安全技术知识、设备性能、操作规程、安全制度、严禁事项等。

②电工、焊工、司炉工、爆破工、起重工、打桩机司机和各种机动车辆司机等特殊工种，除进行一般安全教育外，还要接受本工种的专业安全技术教育。

③采用新工艺、新技术、新设备施工和调换工作岗位时，对操作人员进行新技术、新岗位的安全教育。

（2）安全生产教育的种类

①安全法治教育。对职工进行安全生产、劳动保护方面的法律法规的宣传教育，使其从法治角度认识安全生产的重要性，通过学法、知法来守法。

②安全思想教育。对职工进行深入细致的思想政治工作，使职工认识到安全生产是一项关系到国家发展、社会稳定、企业兴旺、家庭幸福的大事。

③安全知识教育。安全知识也是生产知识的重要组成部分，包括企业生产的基本情况、施工流程、施工方法、设备性能、各种不安全因素、预防措施等多方面的内容。

④安全技能教育。安全技能教育的侧重点是安全操作技术，结合本工种特点、要求，为培养安全操作能力而进行的一种专业安全技术教育。

（3）特种作业人员的培训

特种作业是指容易发生事故，对操作者本人、他人的安全健康及设备、设施的安全可能造成重大危害的作业。从事这些作业的人员必须进行专门培训和考核。与水利水电工程有关的主要有水轮机安装工、采石工、爆破工、石料粉碎工、潜水员、水手及河道修防工、大坝灌浆工等。

（4）安全生产的经常性教育

施工企业在做好新工人入场教育、特种作业人员安全生产教育和各级领导干部、安全管理干部的安全生产培训的同时，还必须把经常性的安全教育贯穿管理工作的全过程，并根据接受教育对象的不同特点，采取多层次、多渠道和多种方法进行。

（5）班前的安全活动

班组长在班前进行上岗交底，上岗教育，做上岗记录。

①上岗交底。对当天的作业环境、气候情况、主要工作内容和各个环节的操作安全要求以及特殊工种的配合等进行交底。

②岗位检查。检查上岗人员的劳动防护情况，每个岗位周围作业环境是否安全，机械设备的安全保险装置是否完好，以及各类安全技术措施的落实情况，等等。

（二）施工安全管理体系建立的步骤

1.领导决策

最高管理者亲自决策，以便获得各方面的支持和在施工安全管理体系建立过程中所需的资源保证。

2.成立工作小组

最高管理者或授权管理者代表成立工作小组，负责建立施工安全管理体系。工作小组的成员要覆盖组织的主要职能部门，组长最好由管理者代表担任，以保证小组对资金、信息的获取。

3.人员培训

培训的目的是使有关人员了解建立施工安全管理体系的重要性。

4.初始状态评审

初始状态评审要对组织过去和现在的安全信息、状态进行收集与调查分析，识别和获取现有的、适用的法律法规和其他要求，进行危险源辨识和风险评价。

5.制定方针、目标、指标

方针是组织对其安全行为的原则和意图的声明,也是组织自觉承担责任和义务的承诺。方针不仅为组织确定总的指导方向和行动准则,还是评价一切后续活动的依据,并为更加具体的目标和指标提供了一个框架。

实现碳达峰、碳中和,努力构建清洁低碳、安全高效能源体系,是党中央、国务院作出的重大决策部署。抽水蓄能和新型储能是支撑新型电力系统的重要技术和基础装备,对推动能源绿色转型、应对极端事件、保障能源安全、促进能源高质量发展、支撑应对气候变化目标实现具有重要意义。

通过重大项目建设引导提升储能核心技术装备自主可控水平,重视上下游协同,依托具有自主知识产权和核心竞争力的骨干企业,积极推动从生产、建设、运营到回收的全产业链发展。支持中国新型储能技术和标准"走出去"。支持结合资源禀赋、技术优势、产业基础、人力资源等条件,推动建设一批国家储能高新技术产业化基地。

第四章 水储能技术概述

第一节 水储能技术的概念与原理

一、水储能技术的概念

水储能技术是指利用水的自然循环或人工干预，通过水的物理状态变化或势能变化，实现能量的存储与释放的一种技术。这种技术可以将电能、热能或其他形式的能量转化为水的势能或动能，并在需要时通过水轮机、发电机等设备将存储的能量转化为电能或其他形式的能量。水储能技术主要包括抽水蓄能技术、重力储能技术、压缩空气储能技术等多种形式。其中，抽水蓄能技术是目前应用最广泛、技术最成熟的水储能技术之一。

二、水储能技术的原理

水储能技术的原理主要基于水的物理特性和能量转换原理。以下将分别介绍抽水蓄能技术、重力储能技术和压缩空气储能技术的原理。

（一）抽水蓄能技术的原理

抽水蓄能技术的原理是利用电力负荷低谷时的过剩电力，通过电动机驱动水泵将水从低处抽到高处的水库储存起来，在电力负荷高峰时，利用水的重力势能驱动水轮机旋转，进而带动发电机发电，将存储的势能转化为电能。抽水蓄能技术的核心在于水的重力势能转换，通过水的循环流动实现电能的存储与释放。

（二）重力储能技术的原理

重力储能技术是一种利用水的重力势能进行能量存储的技术。它通常利用高差地形或人工建造的建筑物（如高塔）作为能量存储介质，在充电阶段，通过水泵将水从低处抽到高处储存起来，在放电阶段，利用水的重力势能驱动水轮机旋转发电。重力储能技术的关键在于高差地形的利用，以及水泵和水轮机等设备的性能优化。

（三）压缩空气储能技术的原理

压缩空气储能技术是一种将电能转化为压缩空气势能进行能量存储的技术。该技术通常利用地下洞穴或人工建造的储气室作为存储介质，在充电阶段，通过电动机驱动压缩机将空气压缩，同时利用水的冷却作用降低压缩空气的温度，在放电阶段，利用高温热源加热压缩空气使其膨胀，进而驱动透平机旋转发电。通过水的循环流动和热量交换，实现压缩空气储能系统的稳定运行和高效能量转换。

第二节 水储能技术的优势与挑战

一、水储能技术的优势

（一）环保无污染

水储能技术是一种清洁、环保的能源存储技术，对环境影响小，与化石能源的燃烧产生大量污染物相比，具有显著的优势。

（二）稳定性好

水储能技术具有较好的稳定性。水储能系统能够在各种环境条件下平稳运行，几乎不受外界因素的影响。此外，水储能系统还能与其他类型的能源系统结合，构建综合能源体系。

（三）经济效益显著

水储能技术具有显著的经济效益。尽管其初期投资成本相对较高，但从长远来看，水储能技术显著降低了电力系统的整体运行成本。此外，它还有效提升了能源的综合利用效率，促进了资源的可持续利用。更为重要的是，水储能技术的发展还催生了相关产业的发展，为地方经济注入新的活力，推动产业结构的优化升级与经济的繁荣发展。

二、水储能技术的挑战

（一）地理条件限制

水储能技术的应用受到地理条件的限制，尤其是抽水蓄能技术，其实现依赖于大型水库和上水池等基础设施的建设，因此，对地形地貌和水资源条件要求较高。在地理环境复杂，尤其是山区地带，以及水资源相对匮乏的区域，抽水蓄能技术的应用面临诸多挑战，这在一定程度上影响该技术在这些地区的应用与推广。

（二）投资成本较高

建设大型水库和上水池等基础设施需要大量的资金投入，同时还需要考虑设备的购置、安装和维护等费用，使得水储能项目在启动初期便面临经济上的压力。

（三）建设周期长

水储能系统的开发周期较长，从项目初步构想到最终建成并投入运营，需历经多个复杂而耗时的阶段。这包括前期的选址评估、详尽的设计规划、庞大的施工建设以及细致的调试等。

（四）安全性要求高

水储能技术的核心在于构建一个安全、高效的能量储存体系，在这一过程中，保障系统的安全运行至关重要。由于水储能系统涉及水资源的管理以及高压设备的运用，任何潜在的事故都可能会对环境造成破坏，并对人员安全构成威胁。因此，水储能系统的设计和运行需要严格遵守相关标准和规范，以确保整个系统具有高度的安全性和可靠性。

第三节　水储能技术分类

一、水压储能技术

（一）水压储能技术的基本原理

作为一种先进的能源储存技术，水压储能技术利用水泵将水加压储存于高压容器或管道中，在需要时通过控制阀门释放高压水，驱动水轮机或涡轮机发电。利用富余的电力驱动水泵，将水从低压状态提升至高压状态，并储存于密封的高压容器或承压管道内。在这个过程中，电能被有效地转化为水的压力势能，实现能量的高效储存。值得注意的是，这种压力势能的大小直接受到几个关键因素的影响，包括水泵的额定功率、水的流量以及水被提升的高度。当需要额外的电力供应时，打开控制阀门，高压水从容器或管道中释放出来，在释放过程中，高压水驱动水轮机或涡轮机旋转，进而带动发电机发电，将储存的压力势能转化为电能。在储能阶段，水泵可以根据电力负荷情况灵活调整运行状态，从而高效地将过剩的电力转化为水的压力势能储存起来；在释能阶段，控制阀门可以根据电力需求快速开启，释放储存的高压水，驱动发电设备，实现电能的稳定供应。

（二）水压储能技术的特点

1.适用于分布式能源系统

在分布式能源系统中，电力供需常出现大幅波动，急切需要高效的储能技术以维持供需平衡。水压储能技术恰好满足这一需求。由于它利用水泵将水加压储存于高压容器或承压管道中，在需要时通过控制阀门释放高压水驱动水轮机或涡轮机发电，因此可以快速调节电力输出。这种快速响应能力使得水压储能技术在分布式能源系统中发挥重要作用，确保电力系统的稳定性和可靠性。

2.灵活性

在储能阶段，通过调整水泵的功率和运行时间控制储存的能量；在释能阶段，通过控制阀门的开度和释能速度调节释放的能量。这种灵活性对维持电网的稳定性至关重要。

3.成本相对较低

水泵、水轮机、涡轮机等设备的成本相对较低，并且随着技术的不断进步，这些设备的成本有望进一步降低。由于水压储能系统通常只需要较小的空间安装高压容器或管道，因此建设成本较低。

需要注意的是，虽然水压储能系统的建设和运行成本相对较低，但在实际应用过程中仍需要考虑到一些因素。例如，高压容器或管道的安全性与可靠性至关重要，同时，为确保系统长期稳定运行，需实施严格的实时监测与定期维护保养措施。

二、地下水库储能技术

（一）地下水库储能技术的基本原理

地下水库储能技术是一种利用地下岩石层或人工构建的地下结构储存水，并在需要时利用水的重力势能或压力能进行发电的能源储存技术。

当需要额外的电力供应时，地下水库储能系统便开始发挥作用。通过控制阀门或启动抽水设备，系统开始释放储存在地下储水结构中的水。随着水的流动，其重力势能或压力能被转化为机械能，机械能随后被传递给水轮机或涡轮机等发电装置，驱动其旋转并生成电能。

值得注意的是，地下水库储能系统的发电效率与多个因素有关。首先，储水结构的容量和深度决定系统可以储存的能量多少。容量越大、深度越深，系统可以储存的能量就越多。其次，水的流动速度和流量也会影响发电效率。流动速度越快、流量越大，发电设备获得的机械能就越多，产生的电能也就越多。此外，发电设备的性能也会对发电效率产生影响。

（二）地下水库储能技术的特点

1.利用地下空间，不占用地面资源

地下水库储能系统的一个显著特点在于其利用地下空间进行能源储存，不占用地面资源。传统的能源储存设施，如抽水蓄能电站，往往需要占用大量的地面空间，不仅限制了建设地点，还可能对当地环境产生一定影响。

地下空间的利用不仅避免地面资源的占用，还带来了诸多其他优势。首先，地下空间相对稳定，受外界环境影响较小，有利于保障储能系统的安全性和稳定性。其次，地下空间温度相对稳定，有利于延长储能设备的使用寿命。最后，地下空间可以避免地面交通的干扰，提高储能系统的运行效率。

2.储能容量大，满足大规模储能需求

由于地下岩石层或人工构建的地下结构具有较大的体积，因此可以储存大量的水，进而实现大规模的能量储存。这种大规模储能能力使得地下水库储能系统在满足电力系统大规模能量需求方面具有独特的优势。

首先，地下水库储能系统可以满足电力系统在高峰时段的能量需求。在电力系统中，高峰时段的能量需求往往较大，而地下水库储能系统可以通过快速释放储存的能量满足这一需求。

其次，地下水库储能系统扮演着可再生能源重要补充者的角色，显著提升电力系统中可再生能源的占比。鉴于可再生能源（如太阳能、风能等）的不稳定性，其大规模并网给电力系统的平稳运行带来了一定的挑战。而地下水库储能系统巧妙地解决这一问题，它能够在可再生能源发电过剩时储存这些宝贵的能量并在需求高峰时释放，有效平衡电力系统的供需关系。

3.适用于水资源丰富的地区

由于地下水库储能系统需要利用水作为储能介质，因此其建设地点需要具备一定的水资源。在水资源丰富的地区，地下水库储能系统可以充分利用当地

的水资源，实现能源供应的自给自足。

水资源丰富的地区往往具有较好的自然条件和生态环境，这为地下水库储能系统的建设提供了有利的条件。同时，这些地区通常也具有较大的能源需求和经济发展潜力，使得地下水库储能技术的应用具有广阔的市场前景。

需要指出的是，虽然地下水库储能技术在水资源丰富的地区展现出巨大潜力，但在实际应用中必须审慎考虑水资源的可持续利用与环境保护问题。在规划、建设和运营地下水库储能系统的过程中，相关单位必须采取一系列科学有效的措施，以确保水资源的可持续利用，避免对当地生态环境造成不良影响。

三、海洋水储能技术

（一）海洋水储能技术的基本原理

海洋水储能技术作为一种清洁、可再生能源生成技术，正逐渐引起全球范围内的关注。其基本原理是利用海洋中的潮汐涨落和波浪运动产生的动能或势能进行能量转换和储存。

1.潮汐能的基本原理

在月球和太阳引力的共同作用下，地球上的海水受到引潮力的作用而发生周期性涨落。这种周期性涨落蕴含的能量为潮汐能。潮汐能是全球最具开发潜力的可再生能源之一。

当地球、月球和太阳三者之间的相对位置发生变化时，月球和太阳对地球水体的引潮力也会发生变化，从而导致潮汐现象的发生。在涨潮过程中，海水向岸边涌来，产生巨大的动能；在落潮过程中，海水退回海洋深处，同样产生动能。这些动能就是潮汐能的主要来源。

潮汐能转换为电能主要通过潮汐发电机实现。潮汐发电机是一种利用潮汐涨落产生的动能驱动涡轮机旋转进而带动发电机发电的装置。涨潮时，驱动涡轮机旋转的水流通过进水口进入涡轮室；落潮时，海水通过出水口流出涡轮室。在这一过程中，涡轮机叶片受到水流的冲击而旋转，进而带动发电机发电。

2.波浪能的基本原理

风力是波浪形成的主要驱动力之一。当风吹过海面时，摩擦力使海水表面产生波动并形成波浪。此外，海底地形的不规则性也会对波浪的形成产生影响。在海底地形复杂、水深变化大的区域，波浪更容易形成。

波浪能转换为电能主要通过波浪能转换装置实现。波浪能转换装置是一种利用波浪运动产生的动能或势能驱动涡轮机旋转进而带动发电机发电的装置。根据工作原理的不同，波浪能转换装置可以分为振荡水柱式、振荡浮子式、推摆式等多种类型。

（二）海洋水储能技术的特点

1.适用于海岸线长和海洋资源丰富的地区

海洋水储能技术适用于海岸线长和海洋资源丰富的地区。这些地区通常具有广阔的海洋面积、丰富的潮汐能和波浪能资源以及适宜的气候条件。在这样的地区建设海洋水储能设施，可以充分利用当地的海洋资源，实现能源的高效利用。

2.储能容量大，具有长期储能潜力

以潮汐能为例，由于潮汐涨落产生的水流动能极为可观，因此潮汐能发电设施拥有庞大的装机容量与巨大的发电潜力，充分展示其在能源生产中的优势。同样，波浪能也展现出巨大的储能潜力。这种大容量的储能特点使得海洋水储能技术成为一种重要的能源储备技术，不仅有助于增强能源供应的稳定性，还能在面对能源危机时发挥缓冲作用，确保能源安全。

由于海洋面积广阔、资源丰富，海洋水储能系统可以持续地为人类提供能源供应。海洋水储能技术在能源储备和应急能源供应方面具有重要作用。在能源短缺的情况下，海洋水储能技术可以为人类提供可靠的能源保障，维护社会的稳定和发展。

第五章　水储能设备与系统

第一节　水储能设备概述

一、水储能设备的定义、分类及应用领域

（一）水储能设备的定义与分类

1.水储能设备的定义

水储能设备是一种利用水资源进行能量储存和释放的装置。这种设备能够利用水的物理特性（如重力势能、动能、热能等）存储和释放能量，从而实现能源的有效利用。水储能设备在能源转换、电力供应、热能利用等多个领域都有广泛应用。

2.水储能设备的分类

（1）重力势能水储能设备

这类设备利用水的重力势能进行能量储存。例如，抽水蓄能电机就是一种典型的重力势能水储能设备。它在用电低谷时利用过剩的电力将水从低处抽到高处，然后在用电高峰时放水发电，从而实现对电能的储存和释放。

（2）动能水储能设备

这类设备利用水的动能进行能量储存。例如，潮汐发电机和波浪发电机就是典型的动能水储能设备。它们通过潮汐涨落和波浪运动产生的动能驱动涡轮机旋转进而发电。

（3）热能水储能设备

这类设备利用水的热能进行能量储存。例如，太阳能热水器就是一种热能水储能设备。它利用太阳能将水加热并储存在水箱中，供人们使用。

（4）混合水储能设备

这类设备结合了上述几种水储能设备的特点，能够利用水的多种物理特性进行能量储存。例如，一些综合能源系统就采用了抽水蓄能电机和太阳能热水器等多种水储能设备，以实现更高效的能源利用。

（二）水储能设备应用领域

1.电力系统

水储能设备是电力系统中重要的储能装置之一。它可以在电力需求低谷时储存过剩的电力，在电力需求高峰时释放储存的电力。此外，水储能设备还可以提高电力系统的运行效率，降低电力系统的运行成本。

2.工业领域

一些高能耗的企业可以利用水储能设备储存和释放热能或电能，从而实现对能源的有效利用。此外，水储能设备还可以降低企业的能源成本，提高企业的竞争力。

3.居民生活

水储能设备在居民生活中也有广泛应用。例如，太阳能热水器通过将太阳能转化为热能，为家庭供应热水，既环保又便捷；而抽水蓄能电机则作为电力调节的"稳定器"，在电网负荷波动时，确保居民家中电力供应的稳定性。这些水储能设备不仅提高了居民的生活质量，还促进了清洁能源的推广应用。

二、水储能设备的工作原理

（一）水的压缩与膨胀过程

1.水的压缩性

水在常规条件下是不能压缩的，但在特定条件下，尤其是当水处于高压状态时，会展现出一定的压缩性。当外部压力作用于水体时，水分子间的距离会缩小，导致水体积收缩，即水的压缩。此压缩过程中，外部输入的机械能或压力能被转化为水分子间的内能，实现能量的有效储存。

值得注意的是，水的压缩性相对较弱，因此，在普通的水储能设备中，水的压缩过程往往不是主要的能量储存机制。然而，在一些特殊的水储能设备中，如高压水储能系统，利用水的压缩性储存能量，可以实现较高的储存效率。

2.水的膨胀性

与压缩性相反，水的膨胀性是指在压力降低时，水的体积增大的特性。当储存的水被释放时，随着外部压力的减小，水分子间的距离逐渐增大，导致水体积增大。在这一过程中，储存的能量被释放出来，转化为水的动能或其他形式的能量。

以抽水蓄能为例，当需要释放储存的电能时，上水库的水通过放水闸门流下，压力减小导致水体积增大，推动水轮机旋转进而带动发电机发电。在这一过程中，水的重力势能转化为动能和电能，实现能量的释放。

3.水的压缩与膨胀过程的控制

水的压缩与膨胀过程需要精确控制，以确保能量的高效储存与释放。这一过程的实现，依赖于高度复杂的工程技术与精心设计的设备系统。

首先，需要设计合理的储水容器和管道系统，以应对水在压缩与膨胀过程中产生的巨大压力。储水容器需要具有足够的强度和密封性，以防止水泄漏。管道系统则需要承受高压水流的冲击，从而确保水顺畅流动。

其次，需要采用先进的控制技术精确控制水的压缩与膨胀过程。例如，在抽水蓄能过程中，需要利用智能控制系统监测电网的电力需求和上水库的水位情况，并根据这些信息自动调节水泵的运行状态。这样可以确保在电力需求高峰时及时释放储存的电能，在电力需求低谷时充分利用过剩的电力抽水蓄能。

（二）能量转换机制

1.电能与重力势能的转换

抽水蓄能电机是水储能设备中最为典型的一种，它主要利用电能与重力势能的转换实现能量的储存与释放。当电力系统处于用电低谷时，过剩的电能被用来驱动水泵将水从低处的下水库抽到高处的上水库，此时电能被转换为水的重力势能；当电力系统处于用电高峰时，上水库的放水闸门被打开，水从高处流下，通过水轮机带动发电机发电，将水的重力势能转换为电能。

2.动能与电能的转换

动能与电能的转换主要发生在潮汐发电机和波浪发电机等水储能设备中。潮汐发电机利用潮汐涨落产生的动能驱动涡轮机旋转，进而带动发电机发电，将动能转换为电能。波浪发电机则通过特定的波浪能转换装置，将波浪的动能转换为电能。

3.能量转换过程中的效率与损失

提高能量转换效率的关键在于引入先进技术与设备，优化能量转换流程，力求将能量损耗降至最低。例如，在抽水蓄能过程中，需要优化水泵和水轮机的设计，提高抽水效率和水轮机发电效率。此外，还需要注意能量转换过程中的能量损失问题。为了减少能量损失，需要采取一系列措施，如提高设备性能、加强设备维护等。同时，还需要加强能源管理和监测，及时发现和解决能量损失问题，确保水储能设备高效运行。

三、水储能设备的选型依据

（一）储能需求评估

在水储能设备的选型过程中，首先需要对储能需求进行准确的评估。储能需求评估是确保所选设备能够满足实际应用需求的基础。

1.能源供需分析

储能需求评估的首要任务是分析能源供需情况。通过对能源供需的深入分析，明确储能设备应具备的能量存储与释放容量，为储能设备的选型提供坚实的数据支撑，确保储能设备与实际能源需求高度匹配。

2.储能时间要求

储能时间因应用场景而异，呈现多样性特点。就电力调峰而言，储能设备需要在用电高峰时段迅速释放储备电能，以缓解供电压力，而在用电低谷时则负责存储能量，以备不时之需，此应用场景下的储能时间相对较短；相反，在可再生能源的储存领域，由于风能、太阳能等自然资源的不稳定性，储能设备需要长时间储存能源，以确保能源供应的连续性和稳定性。

3.储能效率要求

在储能设备的选型过程中，深入了解各类储能设备的储能效率至关重要，这有助于我们根据具体应用场景的需求，筛选出高效转换能量的设备。

4.储能成本分析

为了作出经济合理的选择，必须对储能成本进行综合分析，包括但不限于设备的购买费用、安装费用以及后续的维护保养费用。

（二）设备性能参数对比

在储能需求评估的基础上，还需要对设备性能参数进行对比分析，以选择合适的储能设备。

1.储能容量

储能容量是储能设备的基本参数之一。在对比不同储能设备的性能时，需要关注储能设备的储能容量是否满足储能需求评估中确定的能源储存量要求。

2.充放电速率

充放电速率是指储能设备在充放电过程中的能量转换速率。对需要快速响应的应用场景而言，充放电速率是储能设备重要的性能指标。在对比不同储能设备的性能时，需要关注储能设备的充放电速率是否满足实际应用需求。同时，还需要考虑储能设备在充放电过程中的能量损失情况，选择能量损失较低的储能设备。

3.能量转换效率

在对比不同储能设备的性能时，需要关注储能设备的能量转换效率，并结合实际应用需求进行选择。

（三）安全性与可靠性分析

在水储能设备的选型过程中，安全性与可靠性分析是至关重要的一环。

1.安全性分析

（1）设备结构

在水储能设备的选型过程中，需要关注设备结构的稳固性，确保其能够有效应对极端环境下的挑战。

（2）防护措施

在水储能设备的选型过程中，需要关注设备是否配备全面且高效的防护体系，确保设备能够持续、稳定且安全地运行。

（3）自动化控制系统

自动化控制系统具备故障预警功能，这意味着一旦出现异常情况，系统将立即触发预警机制，从而避免安全事故的发生。

（4）安全性认证

在水储能设备的选型过程中，需要关注设备是否通过相关的安全性认证。

2.可靠性分析

（1）稳定性

在水储能设备的选型过程中，需要关注设备在长时间运行过程中的性能稳定性。选择具有较低故障率和较长维护周期的设备，能够降低运维成本，提高设备的可靠性。

（2）耐用性

在水储能设备的选型过程中，需要考虑设备的材料、工艺，选择具有较长使用寿命的设备。

第二节　水储能系统的集成

一、水储能系统的组成

水储能系统是一个复杂的能源储存与转换系统，其核心组成部分包括储能水库、水泵—水轮机系统、发电机组、控制系统以及与之相关的辅助设施。这些组成部分协作，实现水能的储存、转换和释放，为电力系统的稳定运行提供有力支持。

（一）储能水库

储能水库是水储能系统的核心部分之一，通常由上水库和下水库组成。在电力需求较低的阶段，储能水库能够储存大量的水，而在电力需求较高的阶段，储能水库则释放储存的水，驱动水轮机旋转，将水能转换为电能。

（二）水泵—水轮机系统

水泵—水轮机系统是水储能系统中实现水能转换的关键部分。水泵在电力负荷低谷时利用富余电能将水从下水库抽至上水库，完成水能的储存。而在电力负荷高峰时，水轮机则利用上水库的水流驱动发电机发电，将储存的水能转换为电能。

（三）发电机组

发电机组的核心功能在于在水轮机的驱动下，利用电磁感应这一基本原理，高效地生成电能，并通过变压器等设备进行升压和输电。发电机组的设计需严格遵循高效、低噪声、低振动的原则，以确保电能输出的稳定性。

（四）控制系统

控制系统通过传感器、执行器等设备实时获取系统的运行状态和参数，并根据预设的控制策略进行自动调节和优化。此外，控制系统还需要具备故障预警、自动停机等功能，以确保系统安全运行。

（五）辅助设施

辅助设施是水储能系统中不可或缺的部分，包括输变电设备、通信设备、安防设备等。这些设施为系统的正常运行提供了支持和保障。例如，输变电设备负责电能的输送和分配；通信设备实现系统内部的通信和与外部网络的连接；安防设备则确保系统的安全性和可靠性。

二、水储能系统集成的原则

（一）安全性原则

安全性是水储能系统集成的首要原则。具体来说，应从以下几个方面确保系统的安全性：

1.设备选型的安全性

精心挑选符合安全标准、质量可靠的设备，确保其能保持稳定的性能，减少因设备故障而引发的安全风险。

2.安装位置的合理性

根据设备的运行特性，合理规划其安装位置，确保设备处于安全、易于维护的环境中，避免因位置不当导致安全隐患。

在设计初期进行全面的风险评估，识别潜在的安全隐患，并制定相应的预防措施。同时，建立安全检查机制，确保系统在整个运行期内都能保持良好的状态。

（二）经济性原则

在保障系统安全性的前提下，还应追求系统的经济性。这就要求我们综合考虑设备选型的经济性、系统布局的合理性，以期在保障系统稳定运行的基础上，最大限度地降低投资与运行成本，从而提升整体的经济效益。

1.设备选型的经济性

在选择设备时，除了安全性，还需兼顾性价比，优选那些既满足需求又价格实惠的设备。

2.系统布局的合理性

通过科学合理的布局，减少空间占用，提高资源利用效率。同时，合理的布局还能降低系统的运行能耗，进一步降低运营成本。

（三）可扩展性原则

鉴于能源需求的持续增长与技术的日新月异，水储能系统的可扩展性便显得尤为重要。

1.模块化设计

采用模块化构建方式，使得系统各组成部分相对独立且易于扩展。当能源需求增加时，可以方便地增加新的模块，以扩大系统的储能容量。

2.技术兼容

在制定技术标准时，要考虑未来的技术升级，确保系统能够兼容新技术。

3.预留扩展空间

在规划系统布局时，应预留足够的空间和接口，以应对未来系统的扩展。

三、水储能系统集成的流程

（一）需求分析

通过对需求的分析，可以明确系统的功能要求，为后续的设计提供依据。

（二）方案设计

在需求分析的基础上进行方案设计，包括确定系统的整体架构、各部件的选型与配置等方面。

（三）设备选型与采购

根据方案设计，进行设备的选型与采购。在选型过程中，需要考虑设备的性能、可靠性、安全性等因素。

（四）设备安装与调试

在设备采购完成后，进行现场安装与调试。安装过程需要按照设计方案进行设备的布置和连接，确保设备之间的连接正确可靠。调试过程则需要对设备进行全面的测试，确保设备能够正常运行。

（五）系统测试与验收

在设备安装和调试完成后，进行系统测试与验收。测试过程需要对系统的各项功能进行全面的验证，确保系统符合设计要求。验收过程则需要由相关部门进行验收，确认系统已经成功集成并可以投入运行。

（六）系统运行与维护

系统运行与维护包括定期检查设备的运行情况、更换损坏的部件、进行必要的维修和保养等。同时，还需要对系统的性能进行持续的监测和分析，及时发现并处理出现的问题，确保系统稳定运行。

第三节　水储能系统的智能化管理

一、智能化管理概述

（一）智能化管理的概念

随着信息技术的迅猛发展，智能化管理已成为现代工业系统不可或缺的一部分。在水储能系统领域，智能化管理指的是通过集成先进的信息技术、自动化技术、数据分析技术和人工智能技术等，实现对水储能系统的高效、精准、自动化管理。这种管理方式不仅提高了系统的运行效率，还增强了系统的安全性和可靠性。

（二）智能化管理的目标

智能化管理的首要目标是提升水储能系统的整体性能，包括提高水储能系统的能源转换效率、降低能耗、优化资源配置以及延长系统使用寿命等。具体而言，智能化管理应实现以下目标：

1.能效优化

智能化管理能够实时监测和分析系统的运行数据，通过调整运行参数和控制策略，实现系统能效的最优化，不仅可以提高能源利用效率，还能降低系统的运行成本。

2.安全稳定

智能化管理应具备强大的安全监测和预警功能，能够及时发现并处理潜在的安全隐患，确保水储能系统安全稳定运行。

3.环境友好

智能化管理应关注环境保护和可持续发展，通过优化运行策略，减少对环境的影响。

二、智能化管理技术

（一）数据采集与分析技术

1.数据采集技术

数据采集是水储能系统智能化管理的首要环节，其目标是实时、准确地获取系统的各种运行数据。数据采集技术通常包括传感器技术、信号处理技术以及数据融合技术等。

（1）传感器技术

在水储能系统中，常用的传感器包括水位传感器、流量传感器、温度传感器、压力传感器等。这些传感器能够实时监测系统的运行状态，并将测量到的数据转换为电信号输出。为了保证数据的准确性和可靠性，传感器通常具有高精度、高灵敏度、高稳定性等特点。

（2）信号处理技术

传感器输出的电信号往往包含噪声和干扰，需要通过信号处理技术进行预处理。信号处理包括滤波、放大、模数转换等步骤，旨在消除噪声和干扰，提高数据的信噪比。经过信号处理后的数据更加准确、可靠，为后续的数据分析提供有力保障。

（3）数据融合技术

水储能系统中往往包含多个传感器和监测点，这些传感器和监测点产生的数据需要进行融合处理。运用数据融合技术，可以将来自不同传感器和监测点的数据进行整合，形成全面、准确的数据集。

2.数据分析技术

数据分析技术是对采集到的数据进行分析的技术，旨在发现数据的规律、趋势和潜在价值。在水储能系统智能化管理中，数据分析技术具有广泛的应用前景。

（1）实时数据分析

实时数据分析专注于即时捕获、处理与分析系统的实时运行数据。这一过程旨在不间断地监控系统的运行状态，精准追踪性能参数的变化，即时评估系统的安全状况。

（2）历史数据分析

历史数据分析是对水储能系统历史运行数据进行分析的过程，其目的在于挖掘系统运行规律、识别常见的故障模式。历史数据分析的成果为系统的优化升级以及故障预防提供了科学依据。

（3）预测分析

预测分析是一种前瞻性的数据分析方法，它融合历史数据与实时数据，旨在预测未来趋势。在水储能系统的智能化管理框架下，预测分析展现出其独特价值，能够精准预测能源需求波动、关键设备的剩余使用寿命。

（4）可视化分析

在水储能系统智能化管理中，可视化分析不仅能够将实时数据流和历史数据记录以直观、动态的形式展现给用户，还能够将预测分析的结果直观化，使得系统的运行状态一目了然。

（二）远程控制技术

远程控制技术允许操作员在远离水储能系统现场的情况下，通过网络或其他通信手段对系统进行远程操作。这种技术的实现依赖于高性能的控制系统以及完善的安全机制。

1.控制系统

控制系统通常包括中央控制器、执行机构和传感器等组件。中央控制器负责接收远程指令，并解析指令中的控制参数；执行机构根据控制参数执行相应的动作，如开启或关闭水泵、调节阀门等；传感器则负责实时监测系统的运行状态，并将数据反馈给中央控制器。控制系统通过中央控制器的智能决策、执行机构的精确执行以及传感器的实时监测与反馈，形成一个闭环的控制回路。这个回路确保远程操作指令能够准确传达并得到有效执行，同时也保证系统能够持续、稳定地运行。

2.安全机制

安全机制是远程控制技术不可或缺的安全屏障，对水储能系统稳定运行至关重要。在远程控制的实施过程中，确保操作指令的完整性和安全性，防止未经授权的访问和操作，是安全机制的首要任务。常用的安全机制包括身份验证机制、访问控制机制、数据加密机制等。首先，身份验证机制要求用户提供正确的身份凭证，验证其身份的真实性，从而阻止未经授权的用户进入系统；其次，访问控制机制进一步细化用户权限的管理，确保每个用户只能访问其被授权的资源或执行特定的操作；最后，数据加密机制对传输中的数据进行加密处理，即使数据在传输过程中被截获，也无法被未经授权的第三方轻易解读，从而保障数据的机密性。

第六章　水储能项目建设与管理

第一节　水储能项目的建设流程

一、项目前期准备

（一）市场调研与需求分析

市场调研作为水储能项目启动前的首要步骤，其最重要的是任务对目标市场进行全面而深入的剖析。这一过程不仅涵盖对当地水资源分布格局的清晰描绘、水质状况的科学评估，还涉及对当地水资源利用效率的细致考察以及能源需求的精准预测。

在需求分析方面，项目方需要详细分析当地的水资源供需状况、能源消费结构、能源价格趋势，以确定项目的建设规模、技术路线和产品方案。此外，还需要考虑项目的经济效益、社会效益和环境效益，确保项目的可持续性和长期发展。

（二）资源评估与选址

资源评估是水储能项目前期准备的核心环节。它涉及对地形地貌、气候条件的评估。首先，项目方需要对地形地貌进行评估，选择适合水储能项目的地点。其次，项目方还要考虑气候条件对水储能系统运行的影响。

在选址过程中，项目方必须全面考量资源评估结果、市场需求匹配度、交通便利性以及政策支持力度等多重因素。资源评估结果确保所选地点具备丰富的水资源储备及适宜的储能条件；市场需求分析则保证项目能够精准对接区域能源需求；交通便利性对原材料供应、施工建设及后续运营维护至关重要；而政策支持则是项目顺利推进不可或缺的外部保障。

（三）环境影响评估

环境影响评估是水储能项目前期准备的重要内容。它旨在对项目可能产生的环境影响进行全面评估，为项目的可持续发展提供科学依据。具体而言，项目方需要评估项目对水源地水质、水量的影响，以及对周边生态环境的破坏程度。同时，还需要考虑项目运行过程中可能产生的污染物对环境的影响。在评估过程中，需要收集相关资料，采用科学的方法进行分析和评价，确保评估结果的准确性和可靠性。

（四）资金筹措与预算编制

资金筹措和预算编制是水储能项目前期准备的关键环节。项目方需全面审视项目的资金需求，包括明确投资规模、评估技术路线对资金的具体要求。项目方需明确各阶段的资金安排并探索多元化的融资路径。

在预算编制方面，项目方需要根据项目的投资计划和建设方案，制定详细的预算方案。预算方案应包括项目建设的各个环节、各项费用以及相应的预算标准。在预算编制过程中，项目方需要充分考虑项目的实际情况，确保预算的合理性和可行性。同时，还需要建立完善的预算管理制度，确保项目资金的合理使用。

二、项目规划与设计

（一）技术方案的论证与选择

在水储能项目中，技术方案的论证与选择显得尤为重要，因为它直接关系到项目的可行性。在技术方案的论证阶段，项目方必须采取全面而细致的态度，对多种技术路线进行评估。评估的标准不限于技术的成熟度和稳定性，更要考量其在实际运行环境中的适应性、长期维护的经济性。

在选择技术方案时，储能容量、充放电效率、系统响应速度等关键指标均需纳入决策框架，同时，技术支持体系及售后服务质量也是不可忽视的因素，它们直接关系到技术方案的可持续实施。此外，项目方还需要对技术方案进行风险评估，识别潜在的问题，提前制定应对策略，以确保在项目推进过程中能够灵活应对各种不确定性，最终实现项目的成功落地与高效运营。

（二）工程规模与布局规划

确定技术方案后，接下来的重点是规划工程的规模和布局。工程规模的确定需要综合考虑多个因素，包括预期的能源需求、可用的水资源量、地形地貌条件以及项目的经济效益等。在布局规划方面，项目方要充分利用地形地势，合理安排水泵、水轮机的位置。此外，布局规划还需与环境保护相结合，确保项目的建设不会对周边环境造成不良影响。

（三）工艺流程设计

设计单位需要认真规划水的抽取、储存、释放等各个环节。这包括确定合适的水轮机型号和数量、设计高效的储水结构等。在设计工艺流程时，设计单位要注重系统的稳定性，同时，也要考虑系统的可靠性，确保其在长时间运行过程中能够保持性能稳定。

（四）安全与环保设计

安全与环保设计是水储能项目建设中不可或缺的一部分。安全设计旨在确保项目的各个组成部分能够在各种极端条件下安全运行，防止因设备故障或操作失误而引发安全事故。环保设计则侧重减少项目对环境的影响。例如，在选址时，要充分考虑对周边生态环境的影响；在项目运行过程中，要定期对周边环境进行监测，确保项目的可持续性。

三、项目招标与签订合同

（一）招标文件编制与审核

招标文件详细列出了项目的各项规格要求、技术参数。为确保招标过程公正、透明，编制招标文件时需紧密结合项目的实际需求。完成招标文件的编制后，下一步便是实施严格的审核流程。这一环节旨在全面检验招标文件内容的准确性、完整性，以及是否严格遵循相关法律法规与行业标准。为确保审核的客观性、公正性与专业性，应交由具备相应资质的专业机构执行。

（二）招标公告发布与投标单位筛选

在发布招标公告时，需要选择合适的平台。招标公告的内容应包含招标文件的获取方式、投标截止日期等关键信息。在投标单位筛选阶段，招标单位需要按照招标文件的要求对投标单位进行资格预审。资格预审的目的是筛选出符合要求的投标单位。

（三）合同谈判与签订

在谈判过程中，双方应就价格、工期等关键问题进行深入讨论。在谈判达成一致后，双方签订合同。合同应明确双方的权利和义务。此外，合同还应清晰界定违约责任，针对可能出现的违约情形，明确具体的责任承担与赔偿机制。

四、项目施工准备

（一）施工组织设计

施工组织设计是项目施工准备的首要步骤。项目方需要综合考虑项目的规模、特点、质量要求等因素，确保施工过程的合理性和高效性。

首先，要明确施工目标和工期，据此制订详细的施工进度计划。施工进度计划应考虑到各个施工阶段的衔接和配合，确保施工过程的连续性和稳定性。

其次，要确定施工方法和工艺。根据项目的具体要求和特点，选择合适的施工方法和工艺，确保施工质量和效率。同时，要对施工过程中的关键问题进行深入研究，制定相应的解决方案。

最后，要制定施工安全措施和应急预案。针对施工过程中可能出现的各种安全隐患，制定相应的安全措施和应急预案。

（二）施工材料、设备采购

首先，要进行市场调研，了解各种材料和设备的信息。通过比较不同供应商的产品和服务，选择性价比高的材料和设备。

其次，要制定详细的采购预算。根据施工进度计划和施工方法，确定所需材料和设备的种类、数量，并据此制定采购预算。

最后，要选择信誉良好的供应商，确保所采购的材料和设备符合相关标准和要求。

（三）施工现场准备

在准备过程中，需要充分考虑项目的特点和要求，确保施工现场安全、整洁和有序。

首先，要对施工现场进行勘察。这一过程旨在全面掌握施工现场的地形特征、地貌概况及地质条件，为施工方案的制定提供依据。

其次，要搭建临时设施和安装施工设备。根据施工实际需求，搭建一系列临时设施，包括临时办公室、材料存储仓库及施工人员宿舍等。同时，安装并调试好所必需的机械设备，确保施工过程顺利进行。

最后，要对施工现场进行安全检查。针对施工现场可能出现的安全隐患，及时制定并实施有效的安全措施。

五、项目建设实施

（一）土建工程施工

土建工程施工是项目建设实施的基础，涉及地基处理、基础施工、主体结构施工等多个环节。

1.地基处理

地基是建筑物的基础，其稳定性直接关系到建筑物的安全性。因此，在地基处理阶段，施工单位需要进行地质勘察并根据地质勘察结果采取相应的地基处理措施，如桩基加固、土壤换填等，旨在提升地基的承载能力。

2.基础施工

基础施工包括基坑开挖、垫层铺设、钢筋绑扎和混凝土浇筑等。在施工过程中，施工单位需要严格遵循规范要求，确保施工精确无误，从而构建既坚固又安全的基础结构。

3.主体结构施工

主体结构施工包括梁、板、柱等构件的施工。施工单位应合理安排施工顺序，确保各构件之间的连接牢固、稳定。同时，还要加强施工现场的安全管理，确保施工人员的安全。

此外，在施工现场，施工单位应采取有效的防尘、降噪措施，力求将对周边环境的影响降至最低。同时，在施工过程中应优先使用节能环保的材料，降低能源消耗，减少污染物排放。

（二）储能设备安装与调试

储能设备安装与调试是项目建设实施的核心环节之一。在这一阶段，储能设备需要被精准地安装到预定位置并进行调试，确保其正常运行。

1.设备采购

根据项目的需求和设计方案，采购合适的储能设备。在采购过程中，应选择信誉良好的设备供应商，确保设备的质量满足要求。

2.设备安装

设备安装应严格按照设计图纸和规范要求进行，确保设备的安装位置、固定方式符合设计要求。采取有效措施预防设备安装过程中可能发生的任何损坏，以保障设备的完整性与后续运行的稳定性。

3.设备调试

调试人员需要对设备的各项功能进行测试，力求使其符合设计预期，实现稳定而高效的运行。同时，调试人员还需要对设备的安全性进行评估，确保设备安全可靠。

（三）配套设施建设

配套设施建设是项目建设实施的重要组成部分，涉及项目的供电设施建设、供水设施建设、排水设施建设、通信设施建设等多个方面。

1.供电设施建设

根据项目的用电需求，建设相应的供电设施。在供电设施建设过程中，施工单位需确保供电设施的稳定性和可靠性，确保项目的用电需求得到满足。

2.供水设施建设

根据项目的用水需求，建设相应的供水设施。在供水设施建设过程中，施工单位需确保供水设施的安全性和可靠性，确保项目的用水需求得到满足。

3.排水设施建设

根据项目的排水需求，建设相应的排水设施。在排水设施建设过程中，施工单位需确保排水设施的畅通性和可靠性。

4.通信设施建设

根据项目的通信需求，建设相应的通信设施。在通信设施建设过程中，施工单位需确保通信设施的稳定性和可靠性，确保项目的通信需求得到满足。

（四）进度控制与质量监督

通过有效的进度控制和质量监督，可以确保项目按照预定的计划和要求顺利进行。

1.进度控制

进度控制是对项目的施工进度进行监督和调整的过程。在项目实施过程中，施工单位需制订详细的施工进度计划，并根据实际情况对施工进度计划进行调整。同时，还需要对施工进度进行监督和检查，确保施工进度符合要求。

2.质量监督

质量监督是对项目的施工质量进行监督和检查的过程。在项目实施过程中，施工单位需制订详细的质量监督计划，并对施工过程中的各个环节进行监督和检查。对于发现的质量问题，及时进行整改，确保项目的施工质量符合设计要求和相关标准。

六、项目试运行与验收

在水储能项目的建设流程中，项目试运行与验收是确保项目质量的关键环节。这一阶段主要包括试运行方案编制、系统调试与性能测试以及竣工验收与项目评估等内容。

（一）试运行方案编制

在编制试运行方案时，项目方需要充分考虑项目的特点和要求，确保方案的科学性、合理性和可操作性。

首先，明确试运行的目标和范围。试运行的目标是对系统的各项功能进行全面的测试，确保系统能够满足设计要求。试运行的范围包括项目的各个组成部分，如储能设备、控制系统、配套设施等。

其次，制订详细的试运行计划。试运行计划应包括试运行的时间、地点、人员、设备等方面的安排，以及试运行的具体步骤和流程。

最后，确定试运行的数据采集方案。在试运行过程中，项目方需收集大量的数据以评估系统的性能，因此，需要制定详细的数据采集方案，以确保数据的准确性和可靠性。

在试运行过程中，可能会出现各种问题。为了及时、有效地解决问题，项目方需制定相应的应急预案和故障处理措施，确保试运行顺利进行。

（二）系统调试与性能测试

系统调试与性能测试是试运行阶段的核心任务。在系统调试与性能测试的过程中，项目方需要按照试运行方案的要求，对系统的各项功能进行测试。

首先，进行系统调试。系统调试是指对系统的各个组成部分进行单独的调试，以确保它们能够正常工作。在调试过程中，调试人员需要对各个设备进行逐一检查和测试，发现并解决可能存在的问题。

其次，进行性能测试。性能测试是指对系统的整体性能进行全面的测试，以确保系统能够满足使用要求。在性能测试的过程中，测试人员需要对系统的各项指标进行测试，同时，还需要对系统的安全性和可靠性进行评估，确保系统能够安全可靠地运行。

（三）竣工验收与项目评估

在竣工验收与评估过程中，项目方需要对项目的各个方面进行详细的评估，以确保项目质量符合设计要求。

1.竣工验收

竣工验收是指对项目进行全面的验收，以确保项目质量符合设计要求和相关标准。在竣工验收过程中，项目方需要对项目的各个组成部分进行逐一检查和验收。

2.项目评估

项目评估是指对项目的各个方面进行评估。项目方需要对项目的经济效益、社会效益进行评估，同时，还需要对项目的建设过程进行反思，找出存在的问题。

七、项目后期运营与维护

在水储能项目的建设流程中，项目后期运营与维护是确保设备长期稳定运行的关键环节。这一阶段包括制订运营管理计划、维护保养与检修以及安全管理等方面。

（一）制订运营管理计划

制订科学、合理的运营管理计划，对提高项目运营效率、降低运营成本具有重要意义。

1.明确运营管理的目标和原则

项目运营管理的目标是确保设备长期稳定运行，实现预期的经济效益和社会效益。在制订运营管理计划时，应坚持安全第一、效益优先的原则，确保设备稳定运行。

2.制定详细的运营管理制度和流程

在制定运营管理制度和流程时，应充分考虑项目的特点和要求，确保制度和流程的有效性。同时，还应建立相应的考核机制和奖惩制度，激发运营人员的工作积极性。

3.合理配置运营人员和设备

根据项目的规模和要求，合理配置运营人员。在配置设备时，应选择性能稳定的设备。

（二）维护保养与检修

维护保养与检修是确保水储能设备长期稳定运行的重要措施。通过定期维护保养和检修，工作人员可以及时发现并解决问题。

1.制订维护保养和检修计划

根据项目的实际情况，制订维护保养和检修计划，明确维护保养和检修的时间、内容、方法和责任人。

2.对设备进行定期检修

通过对设备进行定期检修，工作人员可以全面检查设备的各项功能，发现并解决设备存在的问题，确保设备正常运行。

（三）安全管理

安全管理在水储能项目后期运营与维护中占据重要地位，可以有效确保设备安全运行，降低安全事故发生的概率。

1.建立完善的安全管理制度

在制定安全管理制度时，管理人员应充分考虑项目的特点和要求，确保安全管理制度的可行性和有效性，同时，还应建立相应的安全检查机制，对项目的安全状况进行检查。

2.加强安全培训和教育

安全培训和教育是提高项目人员安全意识的重要途径。通过定期开展安全培训和教育活动，可以有效提升项目人员的安全意识，从而降低安全事故的发生概率。

3.建立安全监测和预警系统

安全监测和预警系统可以实时监测项目的安全状况，及时发现可能存在的安全隐患。建立安全监测和预警系统，可以提高项目的安全性和可靠性。

加强水储能安全风险防范，明确水储能产业链各环节安全责任主体，建立健全水储能技术标准、管理、监测、评估体系，保障水储能项目建设运行的全过程安全。

第二节　水储能项目的施工管理

一、施工组织管理

水储能项目作为能源建设领域的重要组成部分，其施工管理对确保项目质量、控制项目成本以及实现项目的经济效益和社会效益具有重要影响。施工管理涉及多个方面，其中，施工组织管理是关键环节之一。

（一）施工组织设计优化

施工组织设计是水储能项目施工管理的基础，涉及项目施工的全过程和各个环节。优化施工组织设计，可以确保项目施工有序进行，提高施工效率，降低施工成本。

1.对施工条件进行全面分析

这一分析过程涵盖项目所在地的地理环境特征、气候条件特点等关键要素，为后续的施工组织设计提供依据。

2.制定科学合理的施工方案

施工方案的核心在于针对项目特性与施工条件，科学安排施工顺序，合理设定工期。

3.对施工方案进行优化

优化施工方案可以进一步提高施工效率，降低施工成本。优化的措施包括施工方法的改进、施工顺序的调整等。

4.编制施工组织设计文件

施工组织设计文件包括施工进度计划、资源配置计划等。施工组织设计文件要详细、准确，从而为项目施工提供有力的指导。

（二）施工队伍组织与调配

施工队伍是水储能项目施工的主体，其组织与调配直接影响项目的施工进度和质量。

1.合理配置施工队伍

根据项目的实际情况和施工需求，合理配置各类专业人员和技术工人。

2.加强施工队伍的培训和管理

对施工队伍进行培训，提高整个施工队伍的技能水平和安全意识。同时，建立健全的管理机制，通过定期评估与反馈，激励施工队伍保持高度的工作热情与责任感。

在项目施工过程中，可能会出现各种情况，因此，施工单位需要根据实际情况对施工队伍进行动态调配，确保项目的施工进度和质量。

（三）施工进度控制

施工进度控制是水储能项目施工管理的关键环节之一。通过实施精细化的进度管理策略，施工单位能够实时监控项目进展，灵活应对各种挑战，确保项目在预定时间内完成。

1.制订施工进度计划

施工进度计划是施工进度控制的基础，包括项目的开始时间、结束时间、关键节点时间等。在制订施工进度计划时，要充分考虑项目的实际情况和施工条件，确保施工进度计划的可行性和有效性。

2.对施工进度进行实时监控

通过定期现场巡查，结合先进的数据分析手段，施工单位能够及时了解施工进度的实际情况。

3.对施工进度进行动态调整

在项目施工过程中，可能会出现各种情况，施工单位需要根据实际情况对施工进度进行动态调整，确保项目按时完成。

（四）施工协调与沟通

施工协调与沟通是水储能项目施工管理的重要环节之一。构建高效的沟通渠道，可以极大地提升项目的执行效率。

1.建立健全的协调与沟通机制

明确各参与方的职责和权利，建立有效的协调与沟通渠道，确保信息及时传递。

2.施工单位加强与业主、监理的沟通

施工单位应及时与业主、监理进行沟通，了解他们的需求，确保项目施工符合相关要求和标准。

在项目施工过程中，面对可能出现的各类问题，施工单位应秉持迅速响应、高效解决的原则，建立应急处理机制，确保问题得到妥善解决。

二、施工现场管理

在水储能项目的施工管理过程中，施工现场管理占据至关重要的地位。有效的施工现场管理不仅能确保项目的顺利进行，还能保障施工人员的安全。以下将从施工现场布置与规划、施工材料管理、施工机械设备管理以及施工安全与环保管理四个方面进行详细阐述。

（一）施工现场布置与规划

合理的布置与规划能够确保施工现场秩序井然，提高工作效率，降低安全风险。

1.制定施工现场布置方案

该方案应包括施工区域的划分、临时设施的搭建位置等。同时，应确保施工区域的交通畅通，为项目施工的顺利进行奠定坚实基础。

2.对施工现场进行精确的测量

这一举措旨在确保施工过程中的每一个环节都能严格遵循设计方案，从而为项目的顺利推进提供坚实的技术保障。

3.制定施工现场的出入管理制度

该制度要求所有进入施工现场的人员及车辆均须经过细致的登记与检查流程。这一措施旨在从源头上控制潜在的安全隐患，为项目的平稳推进营造安全、有序的工作环境。

（二）施工材料管理

施工材料是水储能项目施工的基础，其管理直接关系到项目的质量和成本。

1.制订详细的材料采购计划

根据项目的进度，提前预测材料的需求量，并选择合适的供应商进行采购。同时，要确保材料的质量符合项目要求。

2.对材料进行严格的验收

对材料的数量、规格等进行逐一核对，确保进场的材料符合项目要求。对于不合格的材料，要及时退换。

3.对材料进行合理的存储

根据材料的性质和特点，选择合适的存储方式和地点，确保材料在存储过程中不受损坏。同时，要做好材料的防火、防潮、防盗等工作。

4.制定材料的领用制度

对材料的领用进行严格的记录，确保材料的合理使用。对于超出预算的消耗，要及时查明原因。

（三）施工机械设备管理

1.选择合适的施工机械设备

在设备选型的过程中，相关人员应严格把关，确保所选设备质量可靠，能够满足项目施工的要求。

2.对机械设备进行严格的验收

对设备进行逐一核对，确保进场的设备符合项目要求。对于不合格的设备，要及时退换。

3.定期对机械设备进行维护和保养

根据设备的使用情况，制订详细的维护和保养计划，确保设备正常运行。

4.制定机械设备的操作规程和安全使用制度

对设备的操作人员进行培训和考核，确保他们能够熟练掌握设备的操作技能和安全使用方法。同时，要加强对设备的安全检查，确保设备安全运行。

三、施工技术管理

在水储能项目的施工管理过程中，施工技术管理是一个至关重要的环节。有效的施工技术管理不仅能确保项目的质量和进度，还能提高项目的经济效益和社会效益。

（一）施工技术方案制定

施工技术方案是水储能项目施工的依据，其制定需要充分考虑项目的特点、要求以及现场实际情况。

1.对项目的技术需求进行深入分析

根据项目的设计文件、施工图纸以及相关的技术标准和规范，明确项目的技术要求和难点。同时，要结合项目的施工环境、材料供应等实际情况，制定合理的施工技术方案。

2.对技术方案进行评审

组织相关领域的专家对技术方案进行评审，确保技术方案的可行性。对于存在争议的问题，要进行深入探讨。

3.编制详细的技术方案

技术方案应包括项目的技术要求、工艺流程、施工方法等内容。技术方案应准确、完整，为项目施工提供有力的指导。

（二）施工工艺流程控制

施工工艺流程控制是确保项目施工质量的关键环节。严格控制施工工艺流程，可以确保每个施工环节都符合技术要求。

1.对施工工艺流程进行详细的规划

根据项目的技术要求和现场实际情况，制定科学合理的施工工艺流程，明确各个环节的施工顺序、施工方法。

2.对施工工艺流程进行严格的监控

在每个施工环节开始前，要对施工人员进行技术交底，确保他们掌握相关的施工工艺。在施工过程中，要安排专人进行监督和检查，及时发现和解决存在的问题。

3.对施工工艺流程进行总结

在每个施工环节结束后，要对施工质量进行评估，分析存在的问题和不足。同时，要对施工工艺流程进行创新，以适应项目的发展。

（三）施工技术难题攻关

在水储能项目的施工过程中，施工单位可能会遇到各种技术难题，攻克这些技术难题是确保项目顺利进行的关键。

1.对技术难题进行深入的分析

组织相关领域的专家对技术难题进行深入的分析，明确问题的性质、原因和解决方案。同时，要查阅相关的文献资料，了解类似问题的解决方法。

2.制定针对性的攻关方案

根据技术难题的性质和原因，制定科学合理的攻关方案，明确攻关的方法、步骤和措施。

（四）施工技术创新

施工技术创新不仅可以显著提升项目的施工效率，而且可以确保工程质量达到更高标准。

1.关注行业内的技术动态和发展趋势

及时了解新技术的应用情况和发展趋势，为项目施工提供有力支持。

2.鼓励和支持技术创新活动

施工单位要鼓励施工人员积极参与技术创新活动。在项目施工过程中，施工单位要不断优化施工工艺，提高施工效率和质量。同时，要加强对新技术的应用研究，不断推动施工技术的发展和创新。

四、施工成本管理

（一）施工成本预算与控制

施工成本预算是项目施工前对所需成本进行预估，是施工成本管理的起点。施工成本控制则是在施工过程中对成本进行调整，确保不超出预算范围。

首先，制定施工成本预算。预算制定需根据项目的施工方案、工期计划以及市场价格等因素，综合考虑材料费、劳务费、机械费、管理费等各项成本，并留有一定的弹性空间以应对不可预见因素。

其次，实施施工成本控制。在施工过程中，要密切关注实际成本的发生情况，与预算进行对比，找出偏差的原因。对于超出预算的成本，要及时采取措施进行调整，如优化施工方案、提高施工效率等。

（二）施工成本分析与核算

施工成本分析与核算是施工成本管理的核心环节，通过对实际成本进行细致的分析和核算，可以准确掌握项目的成本状况，为成本控制提供有力支持。

首先，建立完善的成本核算体系。明确成本核算的对象、内容和方法，确保成本核算的准确性。同时，要加强对成本核算人员的培训，提高其业务水平。

其次，进行定期的成本分析。通过对实际成本的分析，找出成本偏差的原因，为成本控制提供依据。

最后，形成成本分析报告。将成本分析的结果以报告的形式呈现出来，包括成本偏差的原因、改进措施等内容。成本分析报告应准确、详细、客观，为项目管理提供依据。

（三）施工材料成本控制

施工材料成本是施工成本的重要组成部分，对材料成本的有效控制可以显著降低项目的总成本。

首先，制订材料采购计划。根据项目的施工进度，制订详细的材料采购计划。同时，要对材料市场进行调研和分析，选择合适的供应商。

其次，加强材料库存管理。建立完善的材料库存管理制度，对材料的入库、出库进行严格管理。同时，要优化库存结构，减少库存积压。

最后，实施节约材料措施。施工单位要鼓励施工人员采取节约材料的措施，如合理利用材料、减少材料损耗、提高材料利用率等。

（四）施工劳务成本控制

施工劳务成本是项目成本的另一个重要组成部分，对劳务成本的有效控制可以提高项目的经济效益。

1.制定劳务费用预算

根据项目的施工进度和劳务需求，制定劳务费用预算，明确各类劳务人员的工资标准。同时，要对劳务市场进行调研和分析，了解劳务市场的行情。

2.优化劳务组织结构

根据项目的实际情况和劳务需求，合理设置劳务人员的岗位，优化劳务组织结构。通过减少不必要的人员配置，降低劳务成本。

3.加强对劳务人员的培训

对劳务人员进行培训，提高其业务水平和综合素质。同时，要加强对劳务人员的管理和考核，确保劳务人员的工作质量。

4.建立劳务成本控制机制

定期对劳务成本进行核算和分析，找出劳务成本偏差的原因。对于超出预算的劳务成本，要及时采取措施进行控制。

五、施工风险管理

在水储能项目的施工管理过程中，风险管理是确保项目顺利推进、保障项目质量的重要环节。

（一）施工风险识别与评估

风险识别是风险管理的第一步，旨在全面、系统地识别项目施工过程中可能面临的各种风险。在风险识别的基础上，需要对这些风险进行评估。评估的内容包括风险发生的可能性、影响程度以及风险等级。通过评估，相关人员可以明确项目面临的主要风险及其影响程度，为制定应对措施提供依据。

（二）施工风险应对措施制定

在应对水储能项目施工中的各类风险时，应制定针对性强、切实可行的应对措施。这些措施旨在精准锁定风险源头，通过科学合理的策略降低风险发生的概率。具体而言，应对措施包括技术措施、管理措施和财务措施等多个方面。例如，对于技术风险，可以通过优化施工方案、提高技术水平、引进先进设备等方式降低风险；对于管理风险，可以通过加强项目管理、完善管理制度、提高管理人员素质等方式降低风险；对于财务风险，可以通过合理安排资金、控制成本等方式降低风险。在制定应对措施时，还需要注意各种措施之间的互补性，力求构建一个全方位、多层次的风险应对体系。同时，要对应对措施进行充分的讨论，确保其可行性和有效性。

（三）施工风险监控与预警

施工风险监控与预警是风险管理的关键环节，旨在实时跟踪和监控项目施工过程中的风险状况，及时发现并预警潜在风险。

施工单位应建立完善的风险监控体系。该体系包括风险信息收集、风险分析等多个部分。同时，还需要建立风险预警机制。当监测到的风险达到或超过预警阈值时，应及时触发预警机制，向相关人员发出预警信息。预警信息应明确风险类型、风险等级、影响范围，以便相关人员能够迅速作出决策。

在风险监控与预警过程中，还需要注意信息的准确性。要确保收集到的信息真实可靠，能够准确反映项目的实际情况。同时，要确保预警信息的及时传递，以便相关人员能够迅速采取应对措施。

第七章 水储能的应用

——以抽水蓄能为例

第一节 抽水蓄能发展规划

一、规划基础

（一）国际现状

抽水蓄能是世界各国保障电力系统安全稳定运行的重要方式，欧美国家建设了大量以抽水蓄能和燃气电站为主体的灵活、高效、清洁的调节电源，其中，美国、德国、法国、意大利等国家发展较快，抽水蓄能和燃气电站在电力系统中的比例均超过10%。我国油气资源禀赋相对匮乏，燃气调峰电站发展不足，抽水蓄能和燃气电站占比仅6%左右，其中，抽水蓄能占比1.4%，与发达国家相比仍有较大差距。

据国际水电协会（International Hydropower Assosiation, IHA）发布的2021全球水电报告，截至2020年底，全球抽水蓄能装机规模为1.59亿千瓦，占储能总规模的94%。另有超过100个抽水蓄能项目在建，2亿千瓦以上的抽水蓄能项目在开展前期工作。

（二）资源情况

我国地域辽阔，建设抽水蓄能电站的站点资源比较丰富。在 2020 年 12 月启动的新一轮抽水蓄能中长期规划资源站点普查中，综合考虑地理位置、地形地质、水源条件、水库淹没、环境影响、工程技术及初步经济性等因素，在全国范围内普查筛选资源站点，分布在除北京、上海以外的 29 个省（区、市）。

（三）发展现状

我国抽水蓄能发展始于 20 世纪 60 年代后期的河北岗南电站，通过广州抽水蓄能电站、北京十三陵抽水蓄能电站和浙江天荒坪抽水蓄能电站的建设运行，夯实了抽水蓄能发展基础。随着我国经济社会快速发展，抽水蓄能发展加快，项目数量大幅增加，分布区域不断扩展，相继建设了一批具有世界先进水平的抽水蓄能电站。

1.装机规模显著增长

目前，我国已投产抽水蓄能电站总规模 3 249 万千瓦，主要分布在华东地区、华北地区、华中地区；在建抽水蓄能电站总规模 5 513 万千瓦，约 60%分布在华东地区和华北地区。

2.技术水平显著提高

随着一大批标志性工程相继建设投产，我国抽水蓄能电站工程技术水平显著提升。河北丰宁电站装机容量 360 万千瓦，是世界在建装机容量最大的抽水蓄能电站。单机 40 万千瓦的广东阳江电站是目前国内在建的单机容量最大、净水头最高、埋深最大的抽水蓄能电站。抽水蓄能电站机组制造自主化水平明显提高，国内厂家在 600 米水头段及以下大容量、高转速抽水蓄能机组自主研制上已达到国际先进水平。

3.全产业链体系基本完备

通过一批大型抽水蓄能电站建设实践，基本形成涵盖标准制定、规划设计、工程建设、装备制造、运营维护的全产业链发展体系和专业化发展模式。

（四）存在问题

我国抽水蓄能快速发展的同时也面临一些问题，主要表现在以下几个方面：

一是发展规模滞后于电力系统需求。目前，抽水蓄能电站建成投产规模较小、在电源结构中占比低，不能有效满足电力系统安全稳定运行和新能源大规模快速发展需要。

二是资源储备与发展需求不匹配。我国抽水蓄能电站资源储备与大规模发展需求衔接不足。西北地区、华东地区、华北地区等区域抽水蓄能电站需求规模大，但建设条件好、制约因素少的资源储备相对不足。

三是开发与保护协调有待加强。资源站点规划与生态保护红线划定、国土空间规划等方面协调不够，影响抽水蓄能电站建设进程和综合效益的充分发挥。

四是市场化程度不高。市场化获取资源不足，非电网企业和社会资本开发抽水蓄能电站的积极性不高，抽水蓄能电站电价疏导相关配套实施细则还需进一步完善。

二、发展形势

（一）发展机遇

实现碳达峰、碳中和目标，构建以新能源为主体的新型电力系统，是党中央、国务院作出的重大决策部署。当前，正处于能源绿色低碳转型发展的关键时期，新能源大规模、高比例发展，新型电力系统对调节电源的需求更加迫切。结合我国能源资源禀赋条件等，抽水蓄能是当前及未来一段时期满足电力系统调节需求的关键方式，对保障电力系统安全、促进新能源大规模发展和消纳利用具有重要作用，抽水蓄能发展空间较大。

（二）发展需求

抽水蓄能电站具有调峰、填谷、调频、调相、储能、事故备用等多种功能，是建设现代智能电网新型电力系统的重要支撑，是构建清洁低碳、安全可靠、智慧灵活、经济高效新型电力系统的重要组成部分。

随着我国经济社会快速发展，产业结构不断优化，人民生活水平逐步提高，电力负荷持续增长，电力系统峰谷差逐步加大，电力系统灵活调节电源需求大。到 2030 年，风电、太阳能发电总装机容量 12 亿千瓦以上，大规模的新能源并网迫切需要大量调节电源提供优质的辅助服务，构建以新能源为主体的新型电力系统对抽水蓄能发展提出更高要求。

第二节　抽水蓄能电站的
适用情况和综合效益

一、抽水蓄能电站的适用情况

由于能源在地区分布上的差异及在电网构成上的不同，因此其对抽水蓄能的需求也不同。一般来说，抽水蓄能电站适用于以下情况：

（一）以火电甚至是核电为主，没有水电或水电很少的电网

这样的电网中由于其电源本身的负荷调节能力很差，因而迫切需要一定容量的抽水蓄能电站调峰、填谷、调频、调相。电网中有了抽水蓄能电站，既可以保证核电站按照基本负荷稳定运行，借以提高电网和核电站本身的经济性和

安全性，又可以使火电尽可能承担负荷曲线图上基荷和部分腰荷，从而使火电机组安全稳定运行，延长利用时间，节约能源，降低煤耗。因而，这种情况下抽水蓄能电站的效益主要体现在提高电网中核电和火电的负荷率，使核电和火电的能量得到充分利用。

（二）虽然有水电，但水电的调蓄性能较差的电网

很多电网虽然有一定比例的水电，但具有年调节及以上能力的水电站比例较小。这些电网虽然在枯水期可利用水电调峰，但汛期水电失去调节能力。这样的电网配备抽水蓄能电站后，可吸收汛期基荷电，将其转化为峰荷电，从而避免汛期弃水，提高经济效益并改善水电汛期运行状况。

（三）远距离送电的受电区

一般而言，当输电距离远到一定限度后，送基荷比送峰荷更经济，特别是上网峰谷电价较大的情况下，受电区要求买便宜的低谷电，但不能解决缺调峰容量的问题。

（四）风电比例较高或风能资源比较丰富的电网

风电比重较大的电网，如果配备抽水蓄能电站，就可把随机的、质量不高的电量转换为稳定的、高质量的峰荷，这样可增加系统吸收的风电电量，使随机的、不稳定的风电电能变成可随时调用的可靠电能。

二、抽水蓄能电站的综合效益

抽水蓄能电站通过将水从较低的位置抽到较高的位置蓄积能量并在电力系统需要时发电。电网负荷低时将多余的电能转换为水的势能，电网负荷高时

将水的势能转换为电能,有效地调节能源系统生产、供应和使用之间的动态平衡。它是目前电力系统中最成熟可靠、最经济实用的储能方法。抽水蓄能作为目前最大规模的储能方式,具有削峰填谷、调频调相等功能,在改善电网运行方面发挥着重要作用。

(一)保障电力系统安全稳定运行

抽水蓄能首要功能是为电网的安全稳定运行提供支撑。目前,我国电力系统已进入大电网运行时代,系统内电源结构持续调整优化,给电网安全运行带来新的挑战。抽水蓄能利用双向调节技术优势,平抑系统峰谷波动,提高电网运行的稳定性,降低风险。同时,抽水蓄能机组启停灵活、响应迅速,通过快速跟踪适应系统负荷急剧变化。

(二)改善传统燃煤机组和核电机组运行性能

随着电源结构逐步优化,西部的大规模水电、新能源发电和煤电经过特高压输电线路送入负荷中心,使得东部负荷中心区域的燃煤机组年运行小时数普遍下降、备用时间长,对燃煤机组损害较大。合理安排抽水蓄能机组削峰填谷,可以减少燃煤机组调峰幅度和启停次数,提高燃煤机组负荷率,提高设备运行寿命。核电机组调峰幅度受技术和安全制约,而且由于单机容量大,配合抽水蓄能机组运行,可以有效防范机组本身和电网安全的冲击。

(三)提高电网大规模新能源并网安全和电能消纳能力

近年来,我国新能源快速发展,风电、光伏发电等已成为我国新增电源装机的重要来源。风电、光伏发电等电源随机性和间歇性的特点突出,输出功率的稳定性较差,大规模并入电网运行给功率实时平衡带来巨大压力。同时,我国新能源资源与电力负荷中心在地理分布上存在巨大差异,电源一般远离负荷中心,必须远距离、大容量输送,新能源发电集中开发和集中并网后,电网的调峰、调频压力巨大，同时，电力系统转动惯量降低，使得频率快速波动，增加电网安全隐患。抽水蓄能电站可以与新能源互补运行，可以减少新能源对电网的冲击，提升电力系统消纳新能源的能力。

（四）保障特高压输电送受端电网安全

建设以特高压为骨干网架、各级电网协调发展的智能电网，推动电力系统向"广泛互联、智能互动、安全可控、开放共享"新一代电力系统升级，是未来电力系统发展必然。利用大型抽水蓄能电站的有功功率、无功功率双向、平稳、快捷的调节特性，承担特高压电网的无功平衡和改善无功调节特性，对电力系统起到非常重要的无功电压动态支撑作用，有效防范电网发生故障的风险，防止事故扩大和系统崩溃。

第三节　抽水蓄能在新型
电力系统中的应用

抽水蓄能电站是一种新型的水电站，它与常规的水电站区别不是很大，同样具备启闭迅速的特点，可以适用于多种电网中，在当前新型电力系统发展下，它能快速调节发电，用时非常短，一般为 1～5 min，既能满足高峰用电的需求，又能适应用电低峰期，调节供电的方式迅速，并且负荷适应性比较强。抽水蓄能电站不像常规的水电站建在河流上，而是建在河流的源头上面，并且与常规的水电站相比，受季节变化影响不大，全年都可以使用。抽水蓄能电站能够有效转化电力，带来可观的经济效益，改善当前电力系统，适合当前时代发展的需要。图 7-1 为抽水蓄能电站的工作原理图。

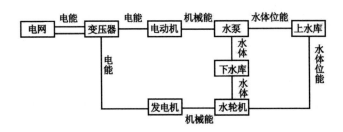

图 7-1　抽水蓄能电站的工作原理图

一、调节用电峰值

在新型电力系统中，电网供电负荷展现出高度的动态性，尤其是用电高峰期虽主要集中在上午 9 时至 11 时及晚上 7 时至 11 时这两个时段，但亦会受季节及多种不可预见因素影响而发生波动。这种负荷的瞬时激增给电网带来了严峻挑战，传统的火力发电在面对快速上升的负荷需求时显得力不从心。抽水蓄能的引入为解决这一问题提供了有效途径。它能够精准地响应电网负荷的变化，特别是在用电高峰期，通过释放储存的水能转化为电能，有效缓解供电紧张状况，从而减轻火力发电的压力。这一创新不仅使其成功替代部分火力发电，还实现对用电峰值的灵活调节，显著提升电网的整体性能和运行效率。图 7-2 为抽水蓄能调节用电图。

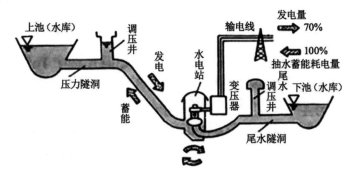

图 7-2　抽水蓄能调节用电图

二、抽水填谷

电网运行中常面临用电低峰期的挑战，这主要发生在凌晨时段及中午用餐时间，此时，电网会积累大量未使用的电力，而电力本身难以直接储存。为维持电力系统的稳定性，必须适当减少供电量。然而，传统供电方式如火力发电受限于设备特性，其最小供电量往往难以低于额定容量的 70%，且过度减载可能引发安全隐患，如供电系统不稳定甚至停机。对于水力发电，常规的水电站难以灵活调整供电量，导致在用电低需求时段水资源未能被有效利用，造成浪费。抽水蓄能的引入为这一问题提供了解决方案。在电网低负荷时段，抽水蓄能电站可以转变为"用电大户"，通过将下游的水抽回上游水库，这一过程不仅消耗电网中多余的电力，还实现水资源循环利用。当电网需求增加时，这些储存的水能又能迅速转化为电能，从而有效减轻电网在高负荷期的压力，既避免电力浪费，又显著提升电网的安全性和稳定性。

三、调整频率

电力系统面临着供电对象多样性和用电负荷频繁波动的挑战。这种负荷的波动性导致电力设备需频繁进行间断性工作，对供电系统的稳定性造成显著影响。具体而言，当用电量急剧增加时，设备承受的负荷迅速攀升，若超过其承载能力，将无法满足用电需求，进而引发供电系统频率下降，影响供电质量。相反，在用电低峰期，供应的电量超出实际需求，则会导致系统频率上升，同样对供电系统造成不利影响，极端情况下甚至可能损坏设备。为确保供电系统安全稳定运行，必须根据实时用电情况灵活调整，以使频率维持在安全、合理的范围内。我国电力系统中，频率的稳定至关重要，通常规定在 50 Hz 左右为合格标准。抽水蓄能的应用为这一问题的解决提供了有效途径。抽水蓄能电站能够在用电高峰时释放储存的水能发电，补充电网电力，防止频率下降，而在用电低谷时，则利用多余电力进行抽水蓄能，减少电网负担，避免频率上升。这种双向调节作用不仅能够有效平衡电网供需关系，还可以提升电网的频率稳定性，对电网起到保护作用。

四、调节电压

电力系统的电压稳定性是保障用户正常用电和设备安全的关键因素。电压过高或过低都可能对用户产生不利影响。为了应对这一问题，抽水蓄能电站展现出其独特的变压调节能力。抽水蓄能电站不仅能够储存和释放电能，还具备吸收电压功率并发出无功率电流的能力。这一特性有助于减少供电系统中电压的波动，降低电能的无效损耗，从而改善电网的整体电能消耗状况。具体来说，抽水蓄能电站通过吸收多余的电压功率，减少电网中不必要的电压流动，提高电能的利用效率。此外，用户通常不会为无功率的电流付费，这意味着抽水蓄能电站在调节电压的同时，也间接降低电网的运营成本。此外，这种变压调节功能还有效地保证供电系统稳定运行，减少因电压波动而引发的设备故障。

五、事故备用

为确保用户用电需求的满足，当前的电力系统必须维持一定的储备电量。由于电网规模与特性的差异，储备电量通常设定为系统负荷的 20% 左右，大型电网的备用比例可能相对低一些。电力系统的备用电主要分为紧急备用和事故备用，两者均对电网的负荷管理有重要影响。抽水蓄能电站不仅承担部分备用电的角色，还通过其独特的储能机制优化电力资源的使用。在现代水库电站的设计中，往往会规划专门的发电备用库容，以便在需要时利用上游水量进行发电，而抽水蓄能电站正是这一需求的重要承担者。此外，抽水蓄能电站还具备备用电临时启动的独特能力。在电力系统遭遇重大安全事故导致瘫痪时，传统发电站往往因机组启动困难而需要外部电源支持，而抽水蓄能电站则能依靠自身储存的水量，不需要外部电源即可迅速启动并恢复供电，从而有效保障电力系统的快速恢复与稳定运行。

参 考 文 献

[1] 陈德岭.现代化水利水电工程建筑的施工管理和技术[J].水上安全,2023（6）：172-174.

[2] 陈晓红.城市污泥焚烧协同处理中的能源回收与利用技术研究[J].现代农业研究,2023,29（12）：120-123.

[3] 崔玉林,王丙祥.《水利水电工程》指导下的水利水电工程电气自动化技术分析[J].人民黄河,2022,44（12）：166.

[4] 方莉.水利水电工程档案信息化建设问题及策略研究[J].黑龙江档案,2023（1）：128-130.

[5] 伏天辉.安全生产标准化在水利水电工程中的应用研究[J].大众标准化,2023（16）：130-131,134.

[6] 甘力丹,陈雨晴,谢倩如,等.基于能源利用主题的跨学科实践教学研究：以"太阳能电动机的设计与制作"为例[J].中学物理,2023,41（22）：38-41.

[7] 郭鑫.刍议水利水电工程的施工质量与安全管理[J].水上安全,2023（5）：191-193.

[8] 何珺儒.基于物元可拓模型的水利水电工程招标资质审查效果评价方法[J].治淮,2023（7）：17-19,23.

[9] 胡维芬.水利水电工程规划设计对生态环境影响与策略分析[J].内蒙古水利,2023（9）：55-56.

[10] 胡卫中,肖明,牟君之.研究水利水电工程防渗施工技术的要点[J].水上安全,2023（12）：79-81.

[11] 黄龙显,刘相华,李一鹏,等.重庆城开高速可再生能源利用方案研究[J].公路交通技术,2023,39（6）：160-167.

[12] 蒋卫,焦正斌,王华.陕西：推动可再生能源利用谱写绿色低碳发展新篇

章[J].建筑，2023（11）：43-44.

[13] 金彭，顾雪，刘昱雯，等.水利水电工程的勘测技术及规划设计探析[J].水上安全，2024（2）：28-30.

[14] 靳景玉，张媛媛.数字基础设施投入能否提高城市能源利用效率[J].财会月刊，2024，45（1）：108-116.

[15] 黎文杰.水利水电工程中地质勘测及其技术应用分析[J].工程技术研究，2023，8（3）：219-221.

[16] 李磊.浅析水利水电工程中的边坡加固处理技术[J].四川建材，2023，49（1）：99-101.

[17] 李楠，杨帆，武宏波，等.能耗双控政策与高耗能行业能源利用效率关联性研究[J].高电压技术，2023，49（S1）：215-220.

[18] 李小娟.如何强化水利水电工程招标投标管理[J].中国招标，2023（8）：167-168.

[19] 刘文奇，宋利.企业数字化转型对能源利用效率的影响：基于管理层权力的调节作用[J].上海电机学院学报，2023，26（6）：361-366.

[20] 刘秀云.无损检测技术在水利水电工程检测中的应用[J].中国高新科技，2023（5）：144-145，151.

[21] 刘莹莹.电气自动化在水利水电工程中的运用[J].科技资讯，2023，21（5）：47-50.

[22] 柳婷.水利水电工程生态环境保护的规划与管理[J].低碳世界，2023，13（11）：124-126.

[23] 卢绍文.水利水电工程中高边坡的加固和治理研究[J].冶金管理，2022（23）：65-67.

[24] 马晓鹏.水利水电工程闸门启闭机设计选型方法分析[J].现代制造技术与装备，2023，59（2）：110-112.

[25] 饶明艳.水利水电工程水土保持生态修复技术应用[J].水上安全，2023（7）：91-93.

[26] 单晓娅，曾钰.生态文明先行示范区能源利用效率影响机制研究[J].绿色科技，2023，25（23）：187-192.

[27] 沈维铎，劳齐乐，高杰. 水利水电工程安全施工技术及管理的策略分析 [J]. 水上安全，2023（2）：184-186.

[28] 隋军，陈培国. 谈水利工程施工导流技术的应用管理[J]. 山东水利，2022（2）：64-66.

[29] 孙智. 水利水电工程招投标合同管理中的困境及策略[J]. 中国招标，2023（6）：109-110.

[30] 谭闻. 水利水电工程招投标管理工作路径分析：评《水利水电工程招标投标运作指南》[J]. 人民黄河，2023，45（4）：165.

[31] 唐姣林. 水利水电工程中水库加固的施工管理措施分析[J]. 水上安全，2023（12）：154-156.

[32] 王定奇. 浅谈水利水电工程的施工质量与安全管理[J]. 四川建材，2023，49（4）：208-209.

[33] 王海荣，王永峰，江雷，等. 黄河流域能源绿色利用效率测度及时空演变分析[J]. 中国矿业，2023，32（10）：71-79.

[34] 王军. 水利工程施工技术及其现场施工管理[J]. 新农业，2022（6）：74-75.

[35] 王佳. 水利工程施工中 BIM 技术的应用探析[J]. 黑龙江水利科技，2022，50（2）：178-180.

[36] 王颖. 水利水电工程质量监督存在问题及对策研究[J]. 水上安全，2023（5）：194-196.

[37] 吴广杰. 水利工程施工及其管理分析[J]. 住宅与房地产，2022（13）：224-226.

[38] 吴庭，林敏. 探讨建筑节能与建筑设计中的新能源利用[J]. 工程建设与设计，2023（16）：81-83.

[39] 吴溪. 水利水电工程中招投标工作优化策略[J]. 河南水利与南水北调，2023，52（3）：114-115.

[40] 吴运华. 提升水利工程施工技术和质量管理的策略研究[N]. 科学导报，2022-06-21（B03）.

[41] 伍仪保. 水利工程施工质量控制及管理措施[J]. 云南水力发电，2022，38（8）：275-277.

[42] 薛峰，赵盼，任泽俭.水利工程堤防质量控制与施工技术研究[J].建设监理，2021（12）：91-93.

[43] 肖涛.梅县区水利水电工程质量监督存在问题及对策分析[J].广东水利水电，2023（2）：105-108.

[44] 杨岩德.水利水电工程规划设计对生态环境的影响[J].大众标准化，2023（13）：86-88.

[45] 尹晓冰，刘亮，陈俊全.混凝土施工技术在水利水电工程中的应用研究[J].工程技术研究，2023，8（7）：72-74.

[46] 张科.水利水电工程水土保持生态修复技术应用探究[J].河北水利电力学院学报，2022，32（4）：45-48.

[47] 张坤.水利工程施工技术管理的研究[J].低碳世界，2022，12（10）：127-129.

[48] 张立岩.浅议加强小型农田水利工程施工建设与管理的措施[J].南方农业，2022，16（12）：217-219.

[49] 张琳琳.BIM技术在水利水电工程施工安全管理中的实践应用研究[J].工程建设与设计，2022（3）：229-231，237.

[50] 张喜瑞.农田水利工程施工技术难点及质量控制措施[J].黑龙江粮食，2022（4）：79-81.

[51] 张莹，张猛，印丽娟.浅析信息化技术与水利工程施工管理的融合[J].中国设备工程，2022（7）：80-82.

[52] 赵金龙.现代化水利水电工程管理现状及改进分析[J].水上安全，2023（6）：145-147.

[53] 赵琦，罗慧英，区焱彬，等.广州科教城可再生能源利用科研立项与实施管理[J].建设科技，2023（19）：54-58.

[54] 钟瑜，谢舒成.加强水利水电工程质量管理的策略探究[J].四川水利，2023，44（5）：169-172.

[55] 邹岩.基于生态理念视角下水利水电工程的规划设计探讨[J].山西水土保持科技，2023（1）：29-30，46.